KB199493

#기본+응용
#리더공부비법
#수학응용력기르기
#학원에서검증된문제집

수학리더
기본+응용

Chunjae
Makes
Chunjae

▼

기획총괄	박금옥
편집개발	윤경옥, 박초아, 조은영, 김연정, 김수정,
	임희정, 한인숙, 이혜지, 최민주
디자인총괄	김희정
표지디자인	윤순미, 박민정
내지디자인	박희춘
제작	황성진, 조규영

발행일	2023년 10월 15일 2판 2023년 10월 15일 1쇄
발행인	(주)천재교육
주소	서울시 금천구 가산로9길 54
신고번호	제2001-000018호
고객센터	1577-0902
교재 구입 문의	1522-5566

수학 리더 기본+응용 1-1

BOOK 1

진도책 차례

구성과 특징

BOOK 1 진도책

STEP 1 개념 익히기 »

STEP 2 기본 다지기 »

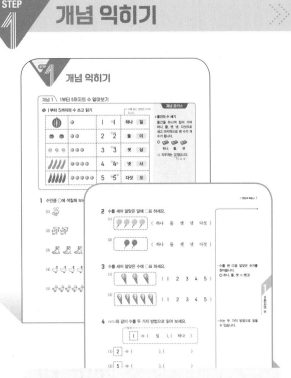

훈련이 필요한
문제는 반복해서
풀어요.

핵심 개념이 시각적으로 구성되어 쉽게 이해할 수 있고, 기본 문제를 풀면서 개념을 확실히 다질 수 있어요.

개념 주제별로 다양한 문제를 풀면서 기본기를 탄탄하게 다지고 실력을 키울 수 있어요.

BOOK 2 복습책

응용력 강화 문제

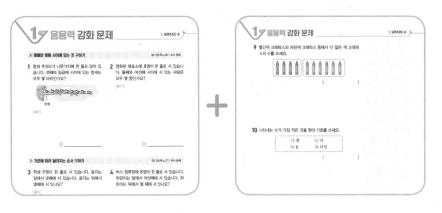

진도책 STEP3의 응용 문제를 한번 더 복습하고, 응용 유형을 보충하여 풀면서 응용력을 강화할 수 있어요.

『기본부터 응용까지 한 권으로 끝내는 실력서!』

STEP 3 응용력 올리기

TEST 단원 기본 · 실력 평가

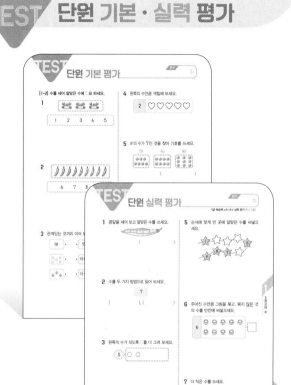

미래형 서·논술
수능에 대비해요.

대표 응용 문제를 해결 과정을 따라 풀면서
응용력과 수학적 문제 해결력을 기를 수 있
어요.

기본 · 실력 평가로 2회를 제공하여 각 단원
을 얼마나 잘 공부했는지 확인할 수 있어요.

단원별 실력 평가 + 1~5단원 성취도 평가

단원별 실력 평가와
1~5단원 성취도 평가
를 풀면서 실력을 점검
할 수 있어요.

1

9까지의 수

출발~
START

단원 내용 미리보기

본문 6, 8쪽

1부터 9까지의 수 알아보기

쓰기	읽기	
1	하나	일
2	둘	이
3	셋	삼
4	넷	사
5	다섯	오
6	여섯	육
7	일곱	칠
8	여덟	팔
9	아홉	구

본문 10쪽

몇째인지 알아보기

첫째
둘째
셋째
넷째
다섯째
여섯째
일곱째
여덟째
아홉째

스마트폰을 이용하여 QR 코드를 찍으면 **개념 학습 영상**을 볼 수 있어요.

본문 16, 18쪽

수의 순서 알아보기 / 1만큼 더 큰(작은) 수

① ② ③ ④ ⑤ ⑥ ⑦ ⑧ ⑨

4는 5보다 1만큼 더 작은 수

6은 5보다 1만큼 더 큰 수

0 읽기 영

→ 1보다 1만큼 더 작은 수
→ 아무것도 없는 것

본문 20쪽

두 수의 크기 비교하기

6
4

→ 야구공은 테니스공보다 많습니다.
→ **6**은 **4**보다 큽니다.

수를 순서대로 썼을 때
뒤의 수가 앞의 수보다 **더 큰 수**야.

도착! FINISH

이제부터 **기본+응용**을 시작해 볼까요~

개념 익히기

개념 1 1부터 5까지의 수 알아보기

◈ 1부터 5까지의 수 쓰고 읽기

→ 수를 읽는 방법은 2가지입니다.

🍉	●	1	①↓1	하나	일
🍅🍅	●●	2	①↗2	둘	이
🧁🧁🧁	●●●	3	①↗3	셋	삼
🥒🥒🥒🥒	●●●●	4	①↓4②↓	넷	사
🥒🥒🥒🥒🥒	●●●●●	5	①↓5②↗	다섯	오

개념 플러스

● **물건의 수 세기**

물건을 하나씩 짚어 가며 하나, 둘, 셋, 넷, 다섯으로 세고 마지막으로 센 수가 개수가 됩니다.

예 🟫🟫🟫

하나, 둘, 셋

→ 지우개는 <u>3</u>개입니다.

└ 세 개

---

1 수만큼 ○에 색칠해 보세요.

(1)

(2)

(3)

(4)

(5)

● 토끼의 수를 세어 보면 하나이므로 하나입니다. ○에 하나만큼 색칠합니다.

● 강아지의 수를 세어 보면 하나, 둘이므로 둘입니다. ○에 둘만큼 색칠합니다.

2 수를 세어 알맞은 말에 ◯표 하세요.

(1)  (하나 둘 셋 넷 다섯)

(2)  (하나 둘 셋 넷 다섯)

3 수를 세어 알맞은 수에 ◯표 하세요.

(1)  (1 2 3 4 5)

(2)  (1 2 3 4 5)

• 수를 센 다음 알맞은 숫자를 찾아봅니다.
예 하나, 둘, 셋 ➡ 셋(3)

4 보기와 같이 수를 두 가지 방법으로 읽어 보세요.

┌ 보기 ┐

1 ➡ (일), (하나)

(1) 2 ➡ (   ), (   )

(2) 5 ➡ (   ), (   )

• 수는 두 가지 방법으로 읽을 수 있습니다.

5 관계있는 것끼리 이어 보세요.

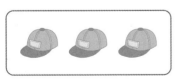 ·   ··   ·

 ·   ··   · 넷

• 모자의 수와 셔츠의 수를 각각 세어 보고, 읽어 봅니다.

1
9까지의 수

개념 2 \ 6부터 9까지의 수 알아보기

◈ 6부터 9까지의 수 쓰고 읽기

(버섯 6개)	(점 6개)	6	①6	여섯	육
(귤 7개)	(점 7개)	7	①7②	일곱	칠
(밤 8개)	(점 8개)	8	8①	여덟	팔
(도토리 9개)	(점 9개)	9	9①	아홉	구

개념 플러스

● 수를 상황에 따라 다르게 읽기
  예 · 지우개 **7개**

    일곱 개

  · 아파트 **7층**

    칠 층

---

1 수만큼 ○를 그려 보세요.

  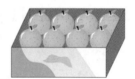

(1)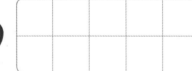

(2)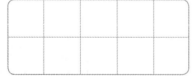

(3)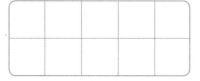

● 사과의 수를 세어 보면 하나, 둘, 셋, 넷, 다섯, 여섯이므로 여섯입니다. ○를 6개 그립니다.

2 수를 세어 알맞은 수에 ◯표 하세요.

(1)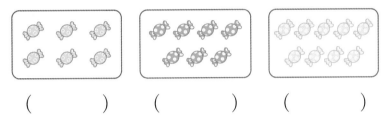

(6   7   8   9)

(2)

(6   7   8   9)

3 사탕이 9개인 것에 ◯표 하세요.

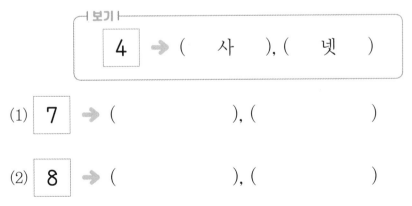

(   )   (   )   (   )

- 사탕의 수를 세어 9개인 것을 찾아 ◯표 합니다.

📖 **참고 개념**
9개는 아홉 개라고 읽습니다.

4 |보기|와 같이 수를 두 가지 방법으로 읽어 보세요.

┌ 보기 ┐

4 ➡ (사), (넷)

(1) 7 ➡ (   ), (   )

(2) 8 ➡ (   ), (   )

- 수는 두 가지 방법으로 읽을 수 있습니다.

5 관계있는 것끼리 이어 보세요.

- 수를 바르게 읽은 것을 찾아 이어 봅니다.

1

9까지의 수

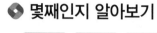

개념 3 \ 몇째인지 알아보기

◆ 몇째인지 알아보기

1	2	3	4	5	6	7	8	9
첫째	둘째	셋째	넷째	다섯째	여섯째	일곱째	여덟째	아홉째

지민　선우　지수　현아　도윤　수지　준규　예빈　서준

왼쪽 →　　　　　　　　　　　　　　← 오른쪽

(1) 순서 알아보기

순서를 나타낼 때에는 차례로 첫째, 둘째, 셋째, 넷째, 다섯째, 여섯째, 일곱째, 여덟째, 아홉째라고 말합니다.

- 지민이는 첫째입니다.
- 지수는 셋째입니다.

(2) 기준 넣어 순서 말하기

- 지민이는 왼쪽에서 첫째입니다.
- 예빈이는 오른쪽에서 둘째입니다.

개념 플러스

앞과 뒤, 위와 아래, 왼쪽과 오른쪽 등의 기준을 넣어 순서를 말할 수 있어.

예　→ 노란색 책

노란색 책은
┌ 위에서 일곱째
└ 아래에서 셋째
입니다.

---

1 순서에 맞게 □ 안에 알맞은 수를 써넣으세요.

첫째　　둘째　　셋째　　넷째　　다섯째

| 1 | 2 | | | |

● 수를 셀 때는 하나, 둘, 셋, 넷, 다섯이라 하고, 순서를 나타낼 때는 첫째, 둘째, 셋째, 넷째, 다섯째라고 합니다.

2 관계있는 것끼리 이어 보세요.

여섯째	여덟째	아홉째	일곱째
•	•	•	•
•	•	•	•
6	9	7	8

3 순서에 맞게 색칠해 보세요.

(1)

> 왼쪽에서 여섯째

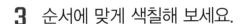

● 왼쪽에서 여섯째에 있는 수박을 찾아 그 수박 하나에만 색칠합니다.

(2)
> 왼쪽에서 아홉째

4 순서에 알맞게 이어 보세요.

> 위에서 둘째

> 위에서 다섯째

> 아래에서 셋째

● 기준이 위에서부터인지, 아래에서부터인지 확인하여 순서를 세어 봅니다.

5 순서에 맞게 이어 보세요.

> 첫째   다섯째   둘째   아홉째

6 노란색 장화는 왼쪽에서 몇째에 있나요?

(   )

● 노란색 장화를 찾은 다음 왼쪽에서 몇째인지 순서를 세어 봅니다.

기본 다지기

📖 개념 확인 | p.6 개념 1

기본 1 \ 1부터 5까지의 수 알아보기

[1~2] 세어 보고 □ 안에 알맞은 수를 써넣으세요.

1 □   2 □

3 풍선의 수가 **3**인 것에 ○표 하세요.

(   ) (   ) (   )

4 왼쪽의 수가 되도록 ○를 그려 보세요.

4 [   ]

5 수를 바르게 읽은 것을 모두 찾아 ○표 하세요.

(일   셋   둘   하나)

🎓 1을 두 가지 방법으로 읽어 보자.

활용 문제

6 관계있는 것끼리 이어 보세요.

이 ·	· 4 ·	· 셋
사 ·	· 2 ·	· 넷
삼 ·	· 3 ·	· 둘

7 왼쪽의 수만큼 묶고, 묶지 <u>않은</u> 것을 세어 오른쪽에 수를 써넣으세요.

8 민서가 먹은 체리의 수를 세어 보니 둘이었습니다. 민서가 먹은 체리는 몇 개인지 수로 나타내 보세요.

꼭! 단위까지 따라 쓰세요.

(개   )

기본 2 \ 6부터 9까지의 수 알아보기

📖 개념 확인 | p.8 개념 2

9 빈 곳에 알맞은 수를 써넣으세요.

| 일곱 | 아홉 | 여덟 | 여섯 |

10 왼쪽의 수만큼 색칠해 보세요.

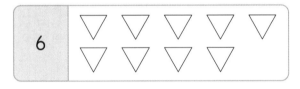

11 빵의 수를 세어 보고, 그 수를 두 가지 방법으로 읽어 보세요.

(   ), (   )

12 관계있는 것끼리 이어 보세요.

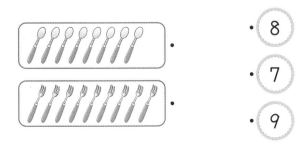

· 8

· 7

· 9

13 보기와 같이 ●의 수만큼 ○를 그리고, 수를 쓰세요.

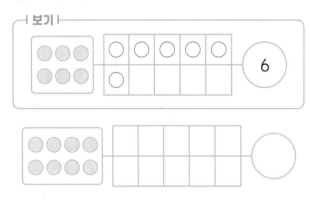

보기

6

활용 문제

14 왼쪽의 수가 되도록 ○를 더 그려 보세요.

9

15 어항 속에 있는 물고기는 몇 마리인가요?

꼭! 단위까지 따라 쓰세요.

(마리)

🎓 두 번 세거나 빠뜨리지 않도록 표시를 해 가며 세어 보자.

1

9까지의 수

개념 확인 | p.10 개념 3

기본 3 \ 몇째인지 알아보기

16 순서에 맞게 빈칸에 알맞은 말을 써넣으세요.

1	2	3	4	5
	둘째		넷째	다섯째

17 왼쪽에서부터 알맞게 색칠해 보세요.

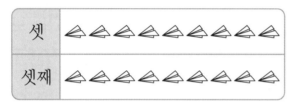

셋	◁◁◁◁◁◁◁◁◁
셋째	◁◁◁◁◁◁◁◁◁

셋은 개수를 나타내고, 셋째는 순서를 나타내.

18 순서에 맞게 이어 보고 ○ 안에 알맞은 수를 써넣으세요.

다섯째	둘째	첫째	넷째	셋째
5	2	○	○	○

19 왼쪽에서 여덟째에 있는 토끼에 ○표 하세요.

20 오른쪽에서 셋째에 있는 열차는 몇 호인가요?

| 1호 | 2호 | 3호 | 4호 | 5호 | 6호 | 7호 | 8호 |

꼭! 단위까지 따라 쓰세요.

(___ 호)

[21~22] 신발장을 보고 물음에 답하세요.

21 🥿는 신발장의 아래에서 몇째 칸에 놓여 있나요?

(___ 칸)

22 👟는 신발장의 위에서 몇째 칸에 놓여 있나요?

(___ 칸)

실력➕ 상황에 따라 2가지 방법으로 수 읽기

수는 상황에 따라 2가지 방법으로 다르게 읽습니다.

예
2 ┌ 연필이 두 자루 있습니다.
  └ 내 번호는 이 번입니다.

7 ┌ 내 동생은 일곱 살입니다.
  └ 수아는 칠 반입니다.

실력➕ 나머지와 다른 수 찾기

한 가지 방법으로 나타내 다른 수를 찾습니다.

23 수를 잘못 읽은 사람을 찾아 이름을 쓰세요.

 사과는 세 개입니다.
건우

 내 번호는 여섯 번입니다.
지안

(   )

24 수를 잘못 읽은 것을 찾아 기호를 쓰세요.

㉠ 선우네 집은 팔 층입니다.
㉡ 윤우는 초콜릿을 오 개 샀습니다.

(   )

25 밑줄 친 것을 바르게 읽어 보세요.

(1) 민하의 나이는 9살입니다.

(   )

(2) 교실에 어린이 7명이 있습니다.

(   )

26 나머지 셋과 다른 수 하나에 ✕표 하세요.

구   9
(   )   (   )

육   아홉
(   )   (   )

27 나머지 셋과 다른 수 하나에 ✕표 하세요.

8   일곱
(   )   (   )

여덟   팔
(   )   (   )

개념 익히기

개념 4 \ 수의 순서 알아보기

1 수의 순서 알아보기

수를 순서대로 쓰면 다음과 같습니다.

┌ 1부터 9까지 순서대로 씁니다.

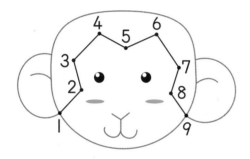

(1) **1** 다음의 수는 **2**입니다.
(2) **5** 다음의 수는 **6**입니다.

2 수를 순서대로 잇기

> 수의 순서대로 점을 이으니까 귀여운 원숭이가 완성됐어.

개념 플러스

- 순서를 거꾸로 하여 수를 쓰면 다음과 같습니다.

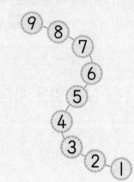

---

1 순서에 맞게 빈 곳에 알맞은 수를 써넣으세요.

(1)

(2)

		7	8	
5				

- (1) 1부터 수를 순서대로 씁니다.
- (2) 5부터 수를 순서대로 씁니다.

2 수를 순서대로 이어 보세요.

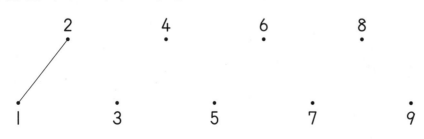

- 1부터 9까지 수의 순서에 맞게 이어 봅니다.

[3~4] 수의 순서를 보고 물음에 답하세요.

3 4 다음의 수를 쓰세요.

(   )

4 6 다음의 수를 쓰세요.

(   )

5 순서를 거꾸로 하여 빈 곳에 수를 써넣으세요.

(1) | 9 | | | 7 | 6 | |

(2) | 5 | 4 | | | |

6 수를 순서대로 이어 보세요.

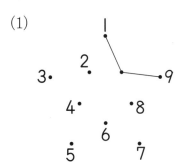

- 다음의 수는 순서대로 놓은 수에서 바로 뒤의 수입니다.

- (1) 9부터 수의 순서를 거꾸로 하여 씁니다.

- 1부터 수의 순서를 생각하여 점을 이어 봅니다.

개념 5 〉 1만큼 더 큰 수, 1만큼 더 작은 수 알아보기

개념 플러스

1 I만큼 더 큰 수와 I만큼 더 작은 수

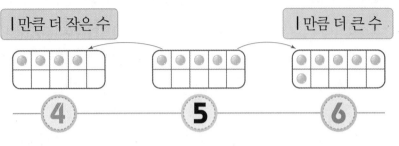

1만큼 더 작은 수 ← ④ ⑤ ⑥ → 1만큼 더 큰 수

┌ **5**보다 **1**만큼 더 큰 수는 **6**입니다.
└ **5**보다 **1**만큼 더 작은 수는 **4**입니다.

수를 순서대로 썼을 때
1만큼 더 큰 수는 바로 뒤의 수이고,
1만큼 더 작은 수는 바로 앞의 수입니다.

2 0 알아보기

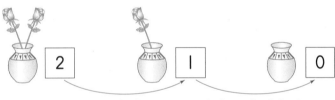

2 → I → 0
1만큼 더 작은 수   1만큼 더 작은 수

(1) **2**보다 **1**만큼 더 작은 수는 **1**입니다.
(2) **1**보다 **1**만큼 더 작은 수는 **0**입니다.

아무것도 없는 것을 **0**이라 쓰고, 영이라고 읽습니다.

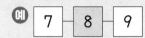
예 7 8 9

● 8은 7보다 I만큼 더 큰 수 입니다.
● 8은 9보다 I만큼 더 작은 수입니다.

●0으로 나타낼 수 있는 상황
① 사탕을 모두 먹어서 남은 사탕이 없는 경우
② 필통에 연필이 하나도 없는 경우

1 3보다 I만큼 더 큰 수를 나타내는 것에 ○표 하세요.

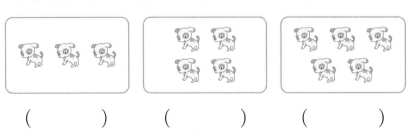

(   )   (   )   (   )

● 3보다 I만큼 더 큰 수는 3 바로 뒤의 수와 같습니다.

2 자동차의 수를 세어 보고 □ 안에 알맞은 수를 써넣으세요.

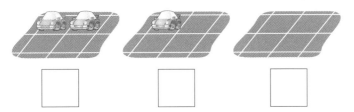

● 아무것도 없는 것을 0이라고
쓰입니다.

3 다음을 보고 □ 안에 알맞은 수를 써넣으세요.

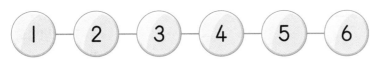

(1) 4보다 1만큼 더 큰 수는 □ 입니다.

(2) 3보다 1만큼 더 작은 수는 □ 입니다.

● 1만큼 더 큰 수는 바로 뒤의
수, 1만큼 더 작은 수는 바로
앞의 수를 찾습니다.

4 그림의 수보다 1만큼 더 큰 수를 쓰세요.

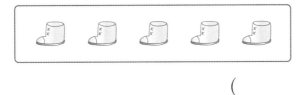

( )

● 먼저 그림의 수를 세어 봅니다.

5 1만큼 더 작은 수와 1만큼 더 큰 수를 써넣으세요.

1만큼 더 작은 수   1만큼 더 큰 수

● 1보다 1만큼 더 작은 수는
아무것도 없는 것입니다.

1
9
까
지
의
수

19

개념 6 \ 두 수의 크기 비교하기

◆ 두 수의 크기 비교

◎ 예 5와 3의 크기 비교

자동차와 오토바이 중에서 어느 것이 더 많을까?

→ 자동차와 오토바이의 ○를 짝 지었을 때 ○가 남는 자동차가 오토바이보다 더 많습니다.

 자동차  **5**

 오토바이 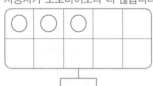 **3**

(1) 자동차는 오토바이보다 많습니다.

→ **5**는 **3**보다 **큽니다**.

(2) 오토바이는 자동차보다 적습니다.

→ **3**은 **5**보다 **작습니다**.

수를 순서대로 썼을 때 뒤의 수가 앞의 수보다 큰 수입니다.

◎ 예 ①—②—③—④—⑤—⑥—⑦—⑧—⑨

→ 6은 2보다 큽니다.

→ 2는 6보다 작습니다.

1 그림을 보고 알맞은 말에 ○표 하세요.

7

5

(1) 나비는 꽃보다 (많습니다 , 적습니다).

(2) 7은 5보다 (큽니다 , 작습니다).

• 나비와 꽃을 하나씩 짝 지었을 때 남는 것이 많습니다.

>> 정답과 해설 p. 4

2 그림을 보고 알맞은 말에 ○표 하세요.

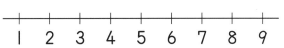

(1) 8은 4보다 (큽니다 , 작습니다).

(2) 5는 9보다 (큽니다 , 작습니다).

> 수를 순서대로 썼을 때 앞의 수가 뒤의 수보다 작고, 뒤의 수가 앞의 수보다 큽니다.

3 수만큼 ○에 색칠하고, 더 작은 수를 쓰세요.

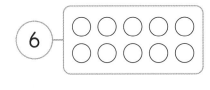
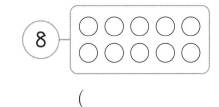

(   )

> 색칠한 ○의 개수를 비교해 봅니다.

4 더 큰 수에 ○표 하세요.

(1)

(2)

> 수를 순서대로 썼을 때 뒤에 있는 수를 찾아봅니다.

5 더 작은 수에 △표 하세요.

(1)

(2)

STEP 2 기본 다지기

📖 개념 확인 | p.16 개념 4

기본 4 \ 수의 순서 알아보기

1 수의 순서대로 길을 따라가 보세요.

2 3부터 7까지 수를 순서대로 쓰세요.

3				

3 수를 순서대로 이어 보세요.

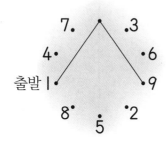

4 순서를 거꾸로 하여 빈 곳에 수를 써넣으세요.

5 순서를 거꾸로 하여 수를 쓸 때 빈 곳에 알맞은 수를 찾아 ○표 하세요.

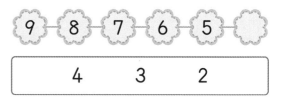

4	3	2

6 우편함의 번호를 수의 순서대로 써넣으세요.

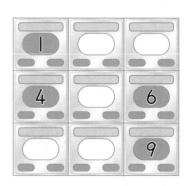

1부터 수를 순서대로 써넣어 보자.

개념 확인 | p.18 개념5

기본 5 1만큼 더 큰 수, 1만큼 더 작은 수 알아보기

7 다음을 보고 물음에 답하세요.

(1) 3보다 1만큼 더 큰 수를 쓰세요.

( )

(2) 4보다 1만큼 더 작은 수를 쓰세요.

( )

8 7을 바르게 설명한 사람은 누구인가요?

5보다 1만큼 더 큰 수야.

8보다 1만큼 더 작은 수야.

지안 유찬

( )

9 안경을 쓴 사람의 수를 쓰세요.

( )

10 1보다 1만큼 더 작은 수를 쓰고 읽어 보세요.

쓰기 ( )

읽기 ( )

11 그림의 수보다 1만큼 더 큰 수와 1만큼 더 작은 수를 각각 쓰세요.

1만큼 더 큰 수 ( )
1만큼 더 작은 수 ( )

12 6보다 1만큼 더 큰 수에 ○표, 1만큼 더 작은 수에 △표 하세요.

| 8 | 7 | 5 | 4 | 6 |

13 연준이가 읽은 동화책의 수는 4권이고, 도현이가 읽은 동화책의 수는 연준이보다 1만큼 더 큰 수입니다. 도현이가 읽은 동화책은 몇 권인가요?

( )

 ■보다 1만큼 더 큰 수는 ■ 바로 뒤의 수야.

1
9까지의 수

📖 개념 확인 | p.20 개념6

기본6 \ 두 수의 크기 비교하기

14 그림을 보고 더 큰 수에 ○표 하세요.

5	4

15 다음을 보고 7과 9의 크기를 비교하려고 합니다. 알맞은 말에 ○표 하세요.

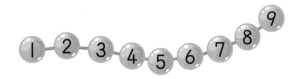

(1) 7은 9보다 (큽니다 , 작습니다).

(2) 9는 7보다 (큽니다 , 작습니다).

16 주어진 두 수의 크기를 비교하여 □ 안에 알맞게 써넣으세요.

l	3

□ 은 □ 보다 큽니다.

17 6보다 작은 수에 모두 색칠해 보세요.

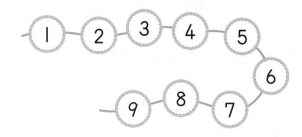

활용 문제

18 5보다 큰 수를 모두 찾아 쓰세요.

5	7	l	6	3

(   )

19 빨간 단추와 파란 단추 중에서 더 많은 단추의 수를 쓰세요.

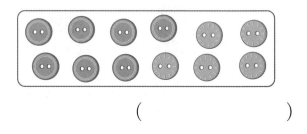

(   )

20 준수는 땅콩을 8개 먹었고, 하린이는 4개 먹었습니다. 땅콩을 더 많이 먹은 사람은 누구인가요?

(   )

👨‍🎓 먹은 땅콩의 수가 더 큰 사람이 땅콩을 더 많이 먹은 거야.

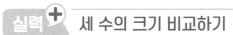 세 수의 크기 비교하기

수를 순서대로 썼을 때
가장 큰 수는 가장 뒤에 있는 수이고,
가장 작은 수는 가장 앞에 있는 수입니다.

21 가장 큰 수에 ○표, 가장 작은 수에 △표 하세요.

| 1 | 4 | 5 |

(   ) (   ) (   )

22 가장 큰 수와 가장 작은 수를 찾아 쓰세요.

| 7   3   8 |

가장 큰 수 (   )
가장 작은 수 (   )

23 지우개를 지안이는 4개, 수아는 6개, 유주는 2개 가지고 있습니다. 지우개를 가장 적게 가지고 있는 사람은 누구인가요?

(   )

□ 안에 알맞은 수 구하기

반대로 생각해서 구해 봅니다.

예 4 ⟵ 1만큼 더 큰 수 / 1만큼 더 작은 수 ⟶ 5

24 □ 안에 알맞은 수를 써넣으세요.

□ 보다 1만큼 더 큰 수는 7입니다.

25 □ 안에 알맞은 수를 써넣으세요.

□ 보다 1만큼 더 작은 수는 3입니다.

26 은우가 생각한 수를 구하세요.

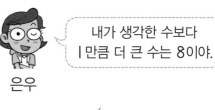

내가 생각한 수보다 1만큼 더 큰 수는 8이야.

은우

(   )

9까지의 수

STEP 3 응용력 올리기

❤ 복습책 p.2에 유사 문제 제공

1 몇째와 몇째 사이에 있는 것 구하기

바둑돌 9개를 한 줄로 늘어놓았습니다. 다섯째와 아홉째 사이에 있는 바둑돌은 모두 몇 개인가요?

■째와 ▲째 사이에 ■째와 ▲째는 포함되지 않아.

↑
첫째

🔑 **해결 과정**

❶ 그림에서 다섯째와 아홉째에 각각 ○표 하세요.

❷ 다섯째와 아홉째 사이에 있는 바둑돌은 모두 몇 개인가요?

( )

1-1 9명의 어린이가 달리기를 하고 있습니다. 첫째와 넷째 사이에 달리고 있는 어린이는 모두 몇 명인가요?

✎ 해결 과정을 따라 풀자!

첫째

재성 민수 유아 현규 하린 시온 서현 예지 민성

( )

1-2 버스 정류장에 7명이 한 줄로 서 있습니다. 첫째와 여섯째 사이에 서 있는 사람은 모두 몇 명인가요?

( )

>> 정답과 해설 p. 6

2 기준에 따라 달라지는 순서 구하기

학생 9명이 한 줄로 서 있습니다. 수아는 앞에서 둘째에 서 있습니다. <u>수아는 뒤에서 몇째에 서 있나요?</u>

순서를 알아볼 때는 첫째가 어디에서부터 인지 기준을 찾자.

🔑 해결 과정

❶ 학생 9명을 ◯로 나타내었습니다. 앞에서 둘째에 색칠해 보세요.

(앞) ◯◯◯◯◯◯◯◯◯ (뒤)

❷ 수아는 뒤에서 몇째에 서 있나요?

(   )

2-1 학생 9명이 한 줄로 서 있습니다. 현서는 앞에서 셋째에 서 있습니다. 현서는 뒤에서 몇째에 서 있나요?

(   )

✏️ 해결 과정을 따라 풀자!

2-2 숲 속 동물 7마리가 한 줄로 서 있습니다. 다람쥐는 앞에서 여섯째에 서 있습니다. 다람쥐는 뒤에서 몇째에 서 있나요?

(   )

1 9까지의 수

STEP 3 응용력 올리기

💙 복습책 p.3에 유사 문제 제공

3 늘어놓은 수의 크기 비교하기

수 카드에 쓰인 수 중에서 가장 큰 수는 왼쪽에서 몇째에 있나요?

| 3 | 9 | 0 | 4 | 8 |

> 먼저 수의 크기를 비교하여 가장 큰 수를 찾자.

🔑 해결 과정

❶ 가장 큰 수는 무엇인가요?

(   )

❷ 가장 큰 수는 왼쪽에서 몇째에 있나요?

(   )

3-1 수 카드에 쓰인 수 중에서 가장 큰 수는 왼쪽에서 몇째에 있나요?

| 1 | 4 | 8 | 7 | 5 |

(   )

✏️ 해결 과정을 따라 풀자!

3-2 수 카드에 쓰인 수들을 작은 수부터 왼쪽에서 차례로 늘어놓을 때 왼쪽에서 넷째에 있는 수는 무엇인가요?

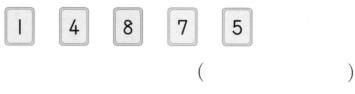

| 3 | 2 | 9 | 6 | 4 |

(   )

4 설명하는 수 구하기

1부터 9까지의 수 중에서 ㉠과 ㉡을 만족하는 수를 모두 구하세요.

> ㉠ 4보다 큰 수입니다.
> ㉡ 7보다 작은 수입니다.

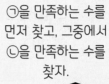

㉠을 만족하는 수를 먼저 찾고, 그중에서 ㉡을 만족하는 수를 찾자.

🔑 해결 과정

❶ 1부터 9까지의 수 중에서 ㉠을 만족하는 수를 모두 쓰세요.

( )

❷ ❶에서 답한 수 중에서 ㉡을 만족하는 수를 모두 쓰세요.

( )

4-1 1부터 9까지의 수 중에서 ㉠과 ㉡을 만족하는 수를 모두 구하세요.

> ㉠ 5보다 큰 수입니다.
> ㉡ 8보다 작은 수입니다.

( )

✏️ 해결 과정을 따라 풀자!

4-2 1부터 9까지의 수 중에서 ㉠과 ㉡을 만족하는 수를 모두 구하세요.

> ㉠ 3과 7 사이에 있는 수입니다.
> ㉡ 4보다 큰 수입니다.

( )

1

9까지의 수

STEP 3 응용력 올리기

서술형 수능 대비

 1 도윤이는 친구들과 과자 따먹기 게임을 합니다. 개수가 **6**개인 과자를 찾아 ○표 하세요.

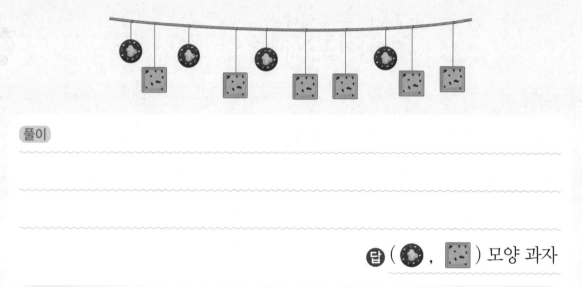

풀이

답 (●, ▦) 모양 과자

 2 오늘은 우진이 동생의 생일입니다. 그림에 있는 초 중에서 **3**개를 사용했다면 사용하지 <u>않은</u> 초는 몇 개인가요?

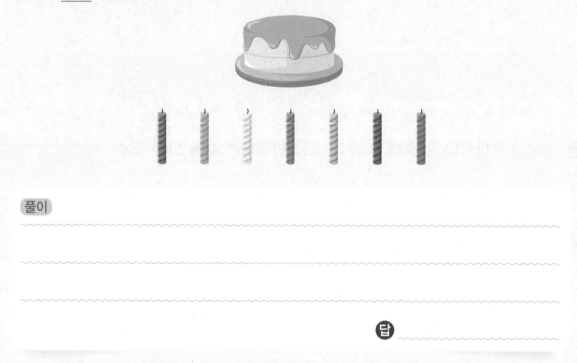

풀이

답 _____

쓸 줄 알아야 진짜 실력~!

사고력

3 채원이는 부모님과 함께 마트에 다녀왔습니다. 다음과 같이 채소를 사 왔을 때 개수가 가장 많은 채소를 쓰세요.

당근	오이	감자

풀이

답

융합형

4 주하는 운동 경기에 따라 경기장에 들어가는 팀별 경기 인원을 조사하였습니다. 컬링의 팀별 경기 인원 수가 농구의 팀별 경기 인원 수보다 1만큼 더 작은 수일 때 컬링의 팀별 경기 인원 수는 몇 명인가요?

농구(5명)	컬링(명)

풀이

답

[1~2] 수를 세어 알맞은 수에 ◯표 하세요.

1

| 1 | 2 | 3 | 4 | 5 |

2

| 6 | 7 | 8 | 9 |

3 관계있는 것끼리 이어 보세요.

 · · 셋 · · 1

 · · 하나 · · 3

 · · 다섯 · · 5

4 왼쪽의 수만큼 색칠해 보세요.

5 ●의 수가 7인 것을 찾아 기호를 쓰세요.

(   )

6 왼쪽의 수만큼 ◯로 묶어 보세요.

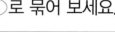

7 다음을 보고 ☐ 안에 알맞은 수를 써넣으세요.

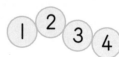

7보다 1만큼 더 큰 수는 ☐ 입니다.

8 강아지의 수를 세어 보고 □ 안에 알맞은 수를 써넣으세요.

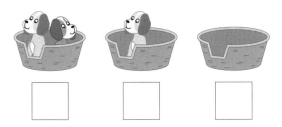

9 □ 안에 알맞은 수를 써넣으세요.

| 만큼 더 작은 수 | 만큼 더 큰 수

10 더 큰 수에 ○표 하세요.

| 4 | 9 |

11 순서를 거꾸로 하여 빈 곳에 수를 써넣으세요.

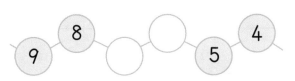

12 □ 안에 알맞은 수를 써넣고, 두 수의 크기를 비교해 보세요.

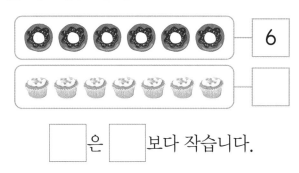

6

□ 은 □ 보다 작습니다.

13 왼쪽에서 일곱째에 서 있는 학생은 누구인가요?

준우 희정 은영 현주 지우 수현 현민 경식 주원

(   )

14 나타내는 수가 <u>다른</u> 하나를 찾아 기호를 쓰세요.

㉠ 6보다 |만큼 더 큰 수
㉡ 8
㉢ ○○○○○○○
㉣ 일곱

(   )

15 수를 잘못 읽은 것의 기호를 쓰세요.

> ㉠ 선빈이는 팔 살입니다.
> ㉡ 사과가 네 개 있습니다.

( )

16 6보다 큰 수를 모두 찾아 쓰세요.

| 8 | 4 | 0 | 5 | 2 | 7 |

( )

17 경선이가 만두를 7개보다 1개 더 적게 만들었습니다. 경선이가 만든 만두는 모두 몇 개인가요?

( )

18 초콜릿을 윤수는 2개 가지고 있고, 인규는 3개 가지고 있습니다. 초콜릿을 더 적게 가지고 있는 사람의 이름을 쓰세요.

( )

19 ●에 알맞은 수를 구하려고 합니다. 풀이 과정을 쓰고 답을 구하세요.

> ●보다 1만큼 더 큰 수는 3입니다.

풀이

답 _____

20 운동장에 9명이 한 줄로 서 있습니다. 둘째와 여섯째 사이에 서 있는 사람은 모두 몇 명인지 풀이 과정을 쓰고 답을 구하세요.

풀이

답 _____

1 콩알을 세어 보고 알맞은 수를 쓰세요.

(   )

2 수를 두 가지 방법으로 읽어 보세요.

7

(   ), (   )

3 왼쪽의 수가 되도록 ○를 더 그려 보세요.

5 [○ ○   ]

4 왼쪽에서부터 알맞게 색칠해 보세요.

5 순서에 맞게 빈 곳에 알맞은 수를 써넣으세요.

6 주어진 수만큼 그림을 묶고, 묶지 <u>않은</u> 것의 수를 빈칸에 써넣으세요.

7 더 작은 수를 쓰세요.

8   3

(   )

1

9까지의 수

8 유찬이가 설명하는 수를 구하세요.

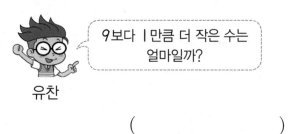

9보다 1만큼 더 작은 수는 얼마일까?

유찬

(   )

9 그림의 수보다 1만큼 더 큰 수와 1만큼 더 작은 수를 각각 구하세요.

1만큼 더 큰 수 (   )

1만큼 더 작은 수 (   )

10 그림의 수와 <u>관계없는</u> 것을 찾아 기호를 쓰세요.

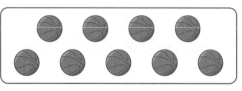

ㄱ 구   ㄴ 9   ㄷ 아홉   ㄹ 팔

(   )

11 곰은 왼쪽에서 몇째에 있나요?

사슴 기린 곰 개 호랑이 고양이 다람쥐 닭 쥐

(   )

12 오른쪽에서 아홉째에 있는 수를 쓰세요.

| 8 | 9 | 0 | 6 | 1 | 2 | 4 | 5 | 3 |

(   )

13 그림에 맞게 수를 고쳐 쓰세요.

필통에 연필이 ~~5~~자루 있습니다.

14 6보다 작은 수는 모두 몇 개인가요?

| 8 | 3 | 5 | 9 | 1 |

(   )

15 참새 Ⅰ마리가 나뭇가지에 앉아 있었는데 잠시 후 참새 Ⅰ마리가 날아갔습니다. 나뭇가지에 앉아 있는 참새의 수를 구하세요.

( )

16 순서를 거꾸로 하여 빈 곳에 알맞은 수를 써넣을 때 ㉠에 알맞은 수를 구하세요.

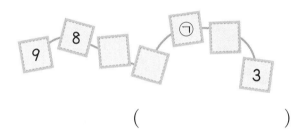

( )

17 어떤 수보다 Ⅰ만큼 더 작은 수와 Ⅰ만큼 더 큰 수가 다음과 같을 때, 빈 곳에 알맞은 수를 구하세요.

Ⅰ만큼 더 작은 수   Ⅰ만큼 더 큰 수

5 ———○——— 7

( )

18 주하는 아파트의 7층보다 Ⅰ층 위에 살고, 지혜는 주하보다 Ⅰ층 위에 살고 있습니다. 지혜가 살고 있는 집의 층수는 몇 층인가요?

( )

19 지우개가 6개, 자가 3개, 가위가 8개 있습니다. 지우개, 자, 가위 중에서 가장 많은 것은 무엇인지 풀이 과정을 쓰고 답을 구하세요.

풀이

답 _____

20 Ⅰ부터 9까지의 수 중에서 ㉠과 ㉡을 만족하는 수를 모두 구하려고 합니다. 풀이 과정을 쓰고 답을 구하세요.

㉠ 4와 9 사이에 있는 수입니다.
㉡ 6보다 큰 수입니다.

풀이

답 _____

9까지의 수

37

여러 가지 모양

단원 내용 미리보기

출발~ START

본문 40쪽

여러 가지 모양 찾아보기

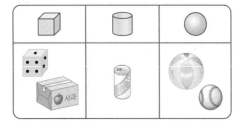

같은 모양을 찾을 때는 크기와 색깔은 생각하지 않아.

본문 42쪽

모양 알아맞히기

일부분을 보고 , , 모양을 알아맞혀 보자.

 뾰족한 부분이 보입니다.
➡

둥글고 기둥 같은 부분이 보입니다. ➡

 둥근 부분만 보입니다.
➡

스마트폰을 이용하여 QR 코드를 찍으면 **개념 학습 영상**을 볼 수 있어요.

본문 42쪽

모양을 쌓아 보고 굴려 보기

 → • 평평한 부분이 있습니다.
- 둥근 부분이 없습니다.
- 잘 쌓을 수 있고 잘 굴러가 지 않습니다.

 → • 평평한 부분과 둥근 부분이 있습니다.
- 세우면 잘 쌓을 수 있고 눕 히면 잘 굴러갑니다.

 → • 둥근 부분만 있습니다.
- 쌓을 수 없고 잘 굴러갑니다.

본문 44쪽

여러 가지 모양 만들기

 , 모양으로 비행기 모양을 만들었어.

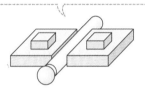

비행기 모양을 만드는 데

모양 **4개**, 모양 **Ⅰ개**,

모양 **Ⅰ개**를 이용했습니다.

이용한 모양의 개수를 셀 때에는 빠뜨리거나 두 번 세지 않도록 주의하자.

**도착!
FINISH**

이제부터 **기본+응용**을 시작해 볼까요~

개념 익히기

개념 1 \ 여러 가지 모양 찾아보기

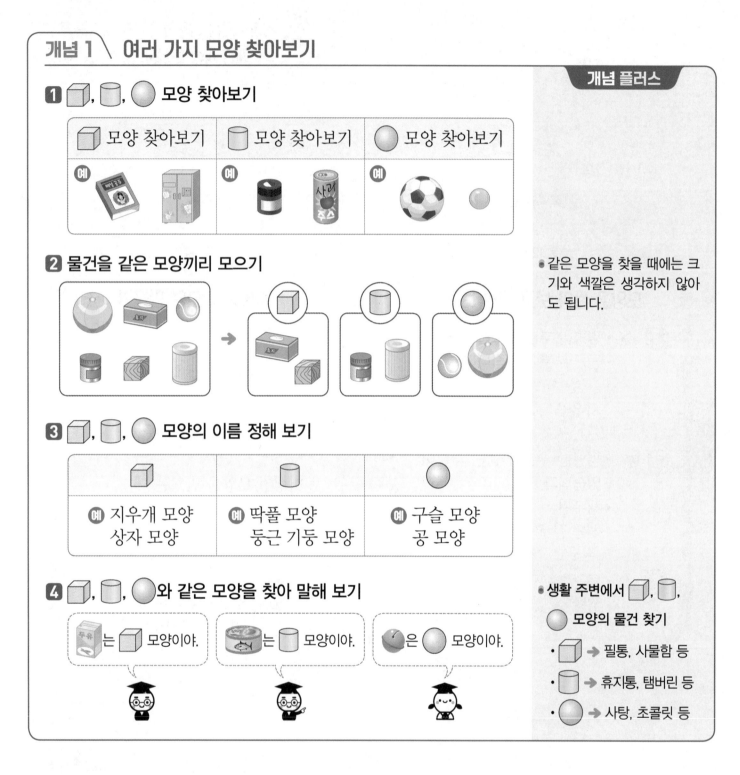

개념 플러스

● 같은 모양을 찾을 때에는 크기와 색깔은 생각하지 않아도 됩니다.

● 생활 주변에서 ⬜, ⬚, ⚫ 모양의 물건 찾기
• ⬜ ➡ 필통, 사물함 등
• ⬚ ➡ 휴지통, 탬버린 등
• ⚫ ➡ 사탕, 초콜릿 등

1 ⬜ 모양인 물건은 □표, ⬚ 모양인 물건은 △표, ⚫ 모양인 물건은 ○표 하세요.

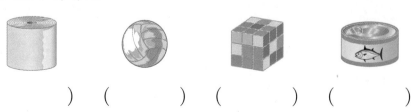

(   ) (   ) (   ) (   )

● 전체적인 모양이 같은 것을 찾습니다.

2 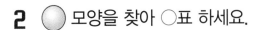 모양을 찾아 ○표 하세요.

• 주어진 물건 중에서 공과 같이 둥근 모양을 찾아봅니다.

3 모양인 물건을 찾아 ○표 하세요.

(   )   (   )   (   )   (   )

• 네모나고 끝이 뾰족한 물건을 찾아봅니다.

4 모양인 물건을 모두 찾아 ○표 하세요.

(   )   (   )   (   )   (   )

• 모양은 둥글고 길쭉합니다.

5 모양은 모두 몇 개인가요?

꼭! 단위까지 따라 쓰세요.

(개   )

• 모양을 먼저 찾은 후 몇 개인지 세어 봅니다.

2
여러 가지 모양

개념 2 \ 여러 가지 모양 알아보기

1 모양 알아맞히기

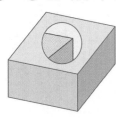 뽀족한 부분이 보입니다. ➡ 🔲 모양

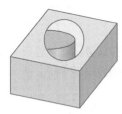 둥글고 기둥 같은 부분이 보입니다.
➡ 🛢 모양

 둥근 부분만 보입니다. ➡ ⚪ 모양

2 🔲, 🛢, ⚪ 모양을 쌓아 보고 굴려 보기

🔲	• 평평한 부분이 있음. ➡ 잘 쌓을 수 있음. • 둥근 부분이 없음. ➡ 잘 굴러가지 않음.
🛢	• 평평한 부분이 있음. ➡ 세우면 잘 쌓을 수 있음. • 둥근 부분이 있음. ➡ 눕히면 잘 굴러감.
⚪	• 모든 부분이 다 둥긂. ➡ 쌓을 수 없고 잘 굴러감.

개념 플러스

• **일부분을 보고 모양 알아보기**

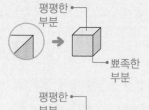
평평한 부분 → 뽀족한 부분

평평한 부분 → 둥근 부분

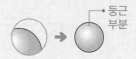
둥근 부분

• 🛢 모양은 잘 굴러가기도 하지만 잘 쌓을 수도 있습니다.

---

1 일부분을 보고 알맞게 이어 보세요.

• 뽀족한 부분, 둥근 부분, 평평한 부분이 보이는지 확인해 봅니다.

>> 정답과 해설 p. 9

2 보이는 일부분을 보고 알맞은 모양을 |보기|에서 찾아 기호를 쓰세요.

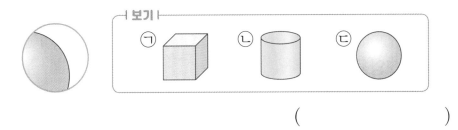

( )

● 보이는 일부분에 둥근 부분만 보입니다.

3 유찬이가 설명하는 모양을 찾아 ○표 하세요.

평평한 부분도 있고 둥근 부분도 있어요.

유찬

4 보이는 일부분을 보고 같은 모양인 물건을 찾아 기호를 쓰세요.

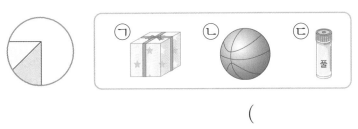

( )

● 보이는 일부분에 뾰족한 부분이 있습니다.

5 쌓을 수 <u>없는</u> 물건은 어느 것인가요? ·························· ( )

① ② ③

④ ⑤

● 평평한 부분으로 쌓을 수 있습니다.

오른쪽: **2** 여러 가지 모양

개념 3 \ 여러 가지 모양 만들기

1 여러 가지 모양으로 만들기

, 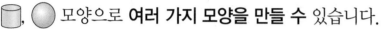 모양으로 **여러 가지 모양을 만들 수** 있습니다.

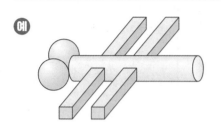

 모양으로 잠자리 모양을 만들었어.

→ 잠자리의 머리는 ⬤ 모양, 몸통은 ⬤ 모양, 날개는 ⬜ 모양으로 만들었습니다.

2 어떤 모양으로 만들었는지 알아보기

난 사람 모양을 만들었어.

(1) 이용한 모양: ⬜, ⬤, ⬤ 모양

(2) 이용한 모양의 개수

⬜	⬤	⬤
3개 → 목, 다리	3개 → 팔, 몸통	1개 → 얼굴

개념 플러스

- 만들려는 모양의 특징을 생각하면서 만듭니다.

- 이용한 모양의 개수를 셀 때에는 빠뜨리거나 두 번 세지 않도록 /, ∨, ○ 등의 표시를 하면서 셉니다.

---

1 다음 모양을 만드는 데 이용한 모양을 찾아 ○표 하세요.

(1)

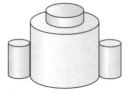

(⬜ , ⬤ , ⬤)

(2)

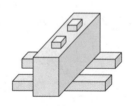

(⬜ , ⬤ , ⬤)

- ⬜, ⬤, ⬤ 모양의 특징을 생각하면서 어떤 모양을 이용했는지 알아봅니다.

2 다음 모양을 만드는 데 이용한 모양을 모두 찾아 ○표 하세요.

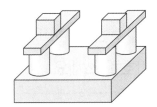

- 만든 모양에 이용한 모양의 특 징을 생각해 봅니다.

3 다음 모양을 만드는 데 이용한 모양을 찾아 ○표 하고, 그 모양을 몇 개 이용했는지 쓰세요.

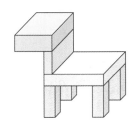

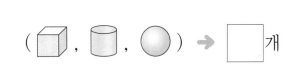

4 다음 모양을 만드는 데 이용한 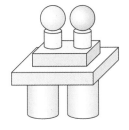 모양은 몇 개인가요?

꼭! 단위까지 따라 쓰세요.

(개)

- 만든 모양에 이용한 모양 은 모두 몇 개인지 세어 봅니 다.

5 다음 모양을 만드는 데 이용한 모양은 각각 몇 개인 지 쓰세요.

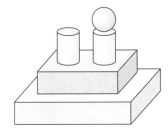

2개	개	개

- 이용한 모양의 개수를 두 번 세거나 빠뜨리지 않도록 주의 하며 셉니다.

2 여러 가지 모양

STEP 2 기본 다지기

📘 개념 확인 | p.40 개념 1

기본 1 \ 여러 가지 모양 찾아보기

1 모양인 물건을 찾아 ○표 하세요.

(   ) (   ) (   )

활용문제

2 모양이 <u>아닌</u> 것에 ○표 하세요.

(   ) (   ) (   )

[3~4] 모은 물건들은 어떤 모양인지 |보기|에서 찾아 기호를 쓰세요.

┤ 보기 ├

ⓐ   ⓑ   ⓒ

3

(   )

4

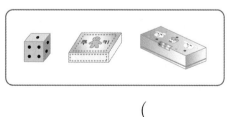

(   )

5  모양끼리 모으려고 합니다. 관계<u>없는</u> 모양을 찾아 기호를 쓰세요.

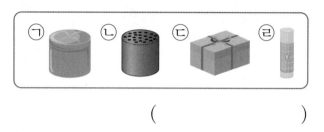

(   )

서술형

6 모양의 이름을 정하고, 그 까닭을 쓰세요.

(   )

까닭 _____

_____

7 경수와 미희가 가지고 있는 물건입니다. 두 사람이 모두 가지고 있는 모양에 ○표 하세요.

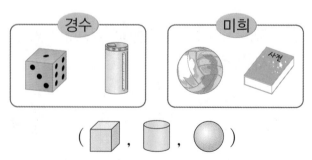

(,   ,   )

🎓 경수와 미희가 가지고 있는 물건의 모양을 각각 알아보자.

>> 정답과 해설 p. 10

📖 개념 확인 | p.42 개념 2

기본 2 \ 여러 가지 모양 알아보기

8 보이는 모양과 같은 모양인 물건을 찾아 기호를 쓰세요.

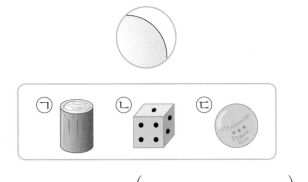

( )

활용문제
9 소현이가 상자 속에 있는 물건을 손으로 만져 보았더니 평평한 부분도 있고 둥근 부분도 있었습니다. 이 물건의 모양을 찾아 기호를 쓰세요.

( )

10 오른쪽 보이는 모양을 보고 이 모양에 대해 바르게 설명한 것을 찾아 기호를 쓰세요.

> ㉠ 평평한 부분과 둥근 부분이 있습니다.
> ㉡ 뾰족한 부분이 있습니다.

( )

11 건우가 설명하는 모양의 물건을 찾아 기호를 쓰세요.

> 잘 쌓을 수 있지만 잘 굴러가지는 않아.

건우

( )

12 설명에 맞는 모양을 찾아 이어 보세요.

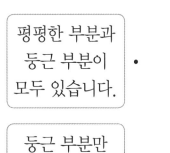

> 평평한 부분과 둥근 부분이 모두 있습니다.

> 둥근 부분만 있습니다.

13 오른쪽 보이는 모양과 같은 모양의 물건은 모두 몇 개인가요?

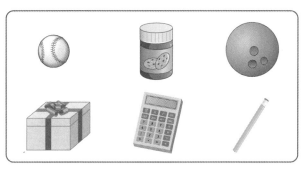

( )

오른쪽 보이는 일부분은 어떤 모양의 일부분인지 생각해 보자.

2
여러 가지 모양

2 기본 다지기

📖 개념 확인 | p.44 개념 3

기본 3 \ 여러 가지 모양 만들기

14 다음 모양을 만드는 데 이용하지 <u>않은</u> 모양에 ×표 하세요.

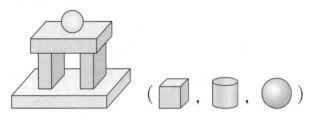

(🟦 , 🛢 , 🔵)

15 🟦과 🛢 모양을 이용하여 만든 모양의 기호를 쓰세요.

가 　　　　　　　　　　나

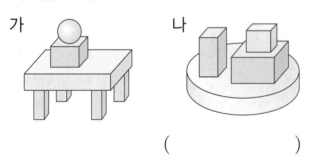

(　　　　　　　　　)

16 다음 모양을 만드는 데 이용한 🟦 모양은 몇 개인가요?

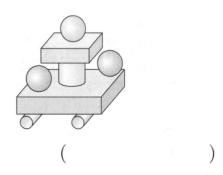

(　　　　　　　　　)

17 🟦과 🔵 모양을 각각 몇 개 이용했는지 세어 보세요.

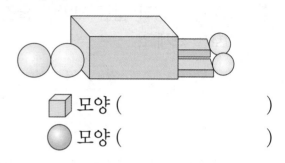

🟦 모양 (　　　　　　　　　)

🔵 모양 (　　　　　　　　　)

18 🛢 모양을 3개 이용하여 만든 모양을 찾아 기호를 쓰세요.

가 　　　　　　　　　　나

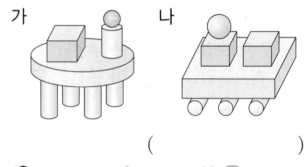

(　　　　　　　　　)

🎓 가와 나의 모양을 만드는 데 이용한 🛢 모양의 개수를 각각 세어 보자.

활용문제

19 🔵 모양을 더 많이 이용하여 만든 모양을 찾아 기호를 쓰세요.

가 　　　　　　　　　　나

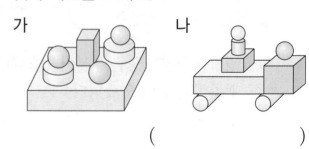

(　　　　　　　　　)

>> 정답과 해설 p. **10**

실력 + 모양의 특징에 알맞은 물건 찾기

- ⬚ : 쌓을 수 있지만 잘 굴러가지 않습니다.
- ⬚ : 세워서 쌓을 수 있고 한쪽 방향으로만 잘 굴러갑니다.
- ◯ : 쌓을 수 없지만 모든 방향으로 잘 굴러갑니다.

20 모든 방향으로 잘 굴러가는 것은 모두 몇 개인가요?

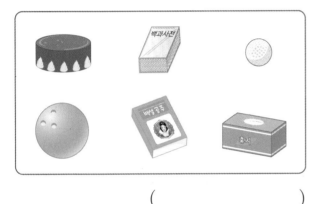

( )

21 한쪽 방향으로만 쌓을 수 있는 것은 모두 몇 개인가요?

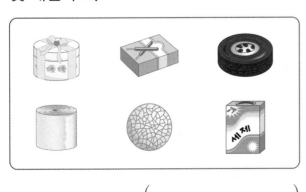

( )

실력 + 모양에서 서로 다른 부분 찾기

⬚, ⬚, ◯ 모양을 이용하여 만든 두 모양의 각 부분에 어떤 모양이 이용되었는지 비교하여 서로 다른 부분을 찾습니다.

22 두 모양에서 서로 다른 부분을 찾아 ◯표 하세요.

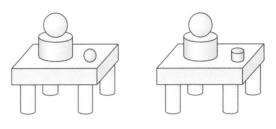

23 두 모양에서 서로 다른 부분을 찾아 ◯표 하세요.

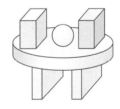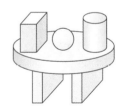

24 두 모양에서 서로 다른 부분을 모두 찾아 ◯표 하세요.

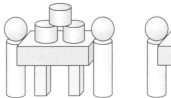

2

여러 가지 모양

49

🐾 복습책 p.10에 유사 문제 제공

1 물건을 보고 가장 많은 모양 찾기

⬜, 🛢, ⚪ 모양 중에서 가장 많은 모양의 물건은 어떤 모양인지 구하세요.

⬜, 🛢, ⚪ 모양의 물건은 각각 몇 개인지 세어 보자.

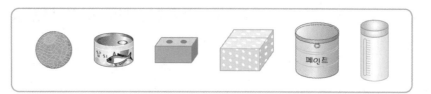

🔑 해결 과정

❶ ⬜, 🛢, ⚪ 모양의 물건은 각각 몇 개인가요?

⬜ 모양 (   ), 🛢 모양 (   ), ⚪ 모양 (   )

❷ ⬜, 🛢, ⚪ 모양 중에서 가장 많은 모양의 물건은 어떤 모양인지 ◯표 하세요.

1-1 ⬜, 🛢, ⚪ 모양 중에서 가장 많은 모양의 물건은 어떤 모양인지 ◯표 하세요.

✏️ 해결 과정을 따라 풀자!

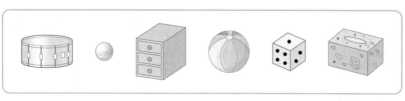

1-2 ⬜, 🛢, ⚪ 모양 중에서 가장 적은 모양의 물건은 어떤 모양인지 ◯표 하세요.

50

2 모양을 만드는 데 모두 이용한 모양 찾기

두 모양을 만드는 데 <u>모두</u> 이용한 모양에 ○표 하세요.

가 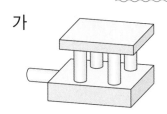   나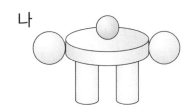

가와 나 모양을 만드는 데 이용한 모양을 각각 알아보자.

🔑 해결 과정

❶ 가 모양을 만드는 데 이용한 모양을 모두 찾아 ○표 하세요.

❷ 나 모양을 만드는 데 이용한 모양을 모두 찾아 ○표 하세요.

❸ 두 모양을 만드는 데 모두 이용한 모양에 ○표 하세요.

2
여러 가지 모양

2-1 두 모양을 만드는 데 모두 이용한 모양에 ○표 하세요.

✏️ 해결 과정을 따라 풀자!

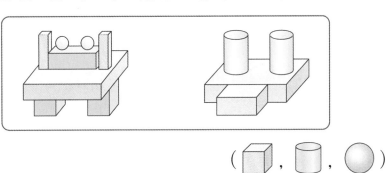

2-2 두 모양을 만드는 데 모두 이용하지 <u>않은</u> 모양에 ×표 하세요.

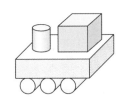 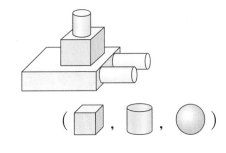

🔖 복습책 p.11에 유사 문제 제공

3 주어진 모양으로 만든 모양 찾기

|보기|의 주어진 모양을 모두 이용하여 만든 것을 찾아 기호를 쓰세요.

> |보기|의 모양과 ㉠, ㉡에 이용된 모양의 개수를 세어 비교해 보자.
>

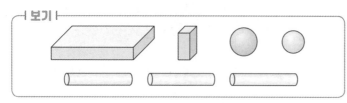

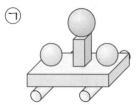

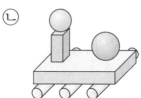

🔑 해결 과정

❶ |보기|의 주어진 ⬛, ⬭, ⚫ 모양은 각각 몇 개인지 쓰세요.

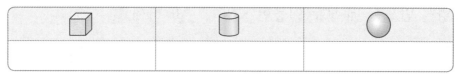

❷ ㉠과 ㉡을 만드는 데 이용한 ⬛, ⬭, ⚫ 모양은 각각 몇 개인지 쓰세요.

모양	⬛	⬭	⚫
㉠			
㉡			

❸ |보기|의 주어진 모양을 모두 이용하여 만든 것을 찾아 기호를 쓰세요.

( )

3-1 |보기|의 주어진 모양을 모두 이용하여 만든 것을 찾아 기호를 쓰세요.

✏️ 해결 과정을 따라 풀자!

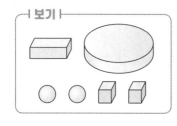

( )

>> 정답과 해설 p. 11

4 **가장 많이 이용한 모양과 가장 적게 이용한 모양 찾기**

오른쪽 모양을 만드는 데 가장 많이 이용한
모양에 ○표, 가장 적게 이용한 모양에 △표
하세요.

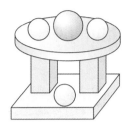

주어진 모양을
만드는 데 이용한
모양을 각각
알아보자.

🔑 해결 과정

❶ 모양을 만드는 데 이용한 , , 모양은 각각 몇 개인지 쓰세요.

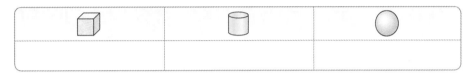

❷ 가장 많이 이용한 모양에 ○표, 가장 적게 이용한 모양에 △표 하세요.

2

여러 가지 모양

4-1 다음 모양을 만드는 데 가장 많이 이용한 모양에 ○표, 가장 적게 이용한 모양에 △표 하세요.

✏️ 해결 과정을 따라 풀자!

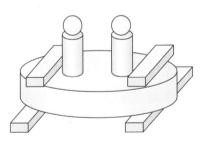

4-2 다음 모양을 만드는 데 가장 많이 이용한 모양은 가장 적게 이용한 모양보다 몇 개 더 많은지 구하세요.

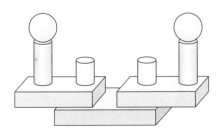

(   )

서술형 수능 대비

창의력

1 같은 모양을 계속 따라가서 미로를 통과하려고 합니다. 지나가야 하는 길을 따라 선을 그어 보세요.

풀이

사고력

2 성진이는 오른쪽과 같이 탱크 모양을 만들었습니다. 성진이가 만든 모양에는 왼쪽의 보이는 모양과 같은 모양이 모두 몇 개인가요?

 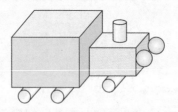

풀이

답

쓸 줄 알아야 진짜 실력~!

3 버튼을 누르면 모양이 다음과 같이 바뀐다고 합니다. 주어진 순서대로 코딩을 실행했을 때 마지막에 나오는 모양은 어떤 모양인지 ○표 하세요.

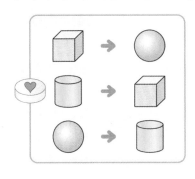

풀이

답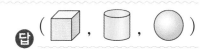

4 수정이가 다음과 같은 모양을 만들었더니 모양 2개가 남았습니다. 수정이가 처음에 가지고 있던 모양은 모두 몇 개인가요?

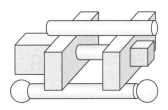

풀이

답

점수

점

1 일부분만 보이는 모양을 보고 알맞은 모양에 ○표 하세요.

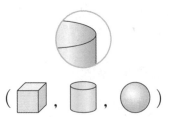

(⬜ , 🛢 , ⚪)

2 설명에 맞는 모양에 ○표 하세요.

> 모든 부분이 평평한 모양입니다.

(⬜ , 🛢 , ⚪)

3 민재가 바르게 말했으면 ○표, 잘못 말했으면 ×표 하세요.

저금통은 🛢 모양이야.

민재

(   )

4 ⬜ 모양인 물건에 ○표 하세요.

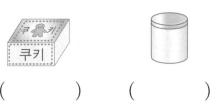

(   ) (   )

5 🛢 모양을 모두 찾아 ○표 하세요.

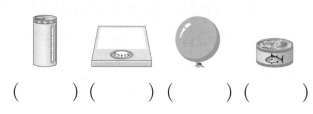

(   ) (   ) (   ) (   )

6 ⚪ 모양이 <u>아닌</u> 것을 찾아 기호를 쓰세요.

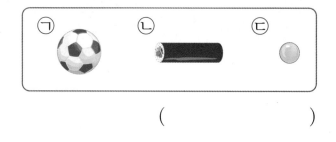

(   )

7 다음 모양을 만드는 데 이용한 모양을 모두 찾아 ○표 하세요.

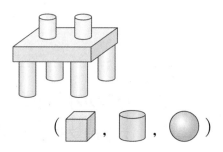

(⬜ , 🛢 , ⚪)

8 다음 모양을 만드는 데 이용한 모양이 <u>아닌</u> 것에 ×표 하세요.

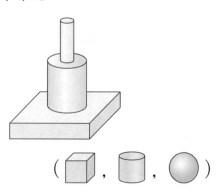

(⬜ , 🛢 , ⚪)

9 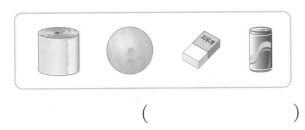 모양인 물건은 모두 몇 개인가요?

(   )

10 다음 모양을 만드는 데 이용한 ⬜ 모양은 모두 몇 개인가요?

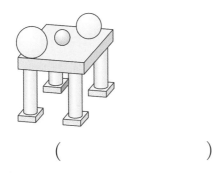

(   )

11 다음 설명에 알맞은 모양에 ◯표 하세요.

모든 방향으로 잘 굴러가요.

(⬜ , ⬛ , ●)

12 우리 주변에서 ● 모양의 물건을 1개 찾아 쓰세요.

(   )

13 일부분을 보고 같은 모양끼리 이어 보세요.

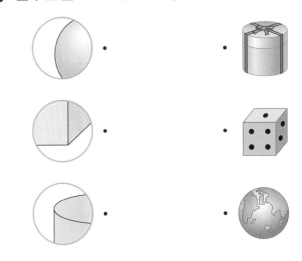

14 오른쪽 물건과 같은 모양의 물건을 찾아 쓰세요.

| 북 | 전자레인지 | 볼링공 |

(   )

15 다음 모양을 만드는 데 이용한 ⬜, ⬛, ● 모양은 각각 몇 개인지 쓰세요.

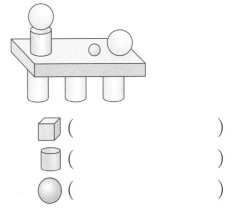

⬜ (   )

⬛ (   )

● (   )

16 오른쪽 보이는 모양을 보고 이 모양에 대해 바르게 설명한 것을 모두 고르세요.

.... (   )

① 뾰족한 부분이 있습니다.

② 평평한 부분이 있습니다.

③ 모든 부분이 둥급니다.

④ 눕혀서 굴리면 잘 굴러갑니다.

⑤ 쌓을 수 없습니다.

17 같은 모양끼리 모으려고 합니다. 해당하는 모양을 각각 모두 찾아 기호를 쓰세요.

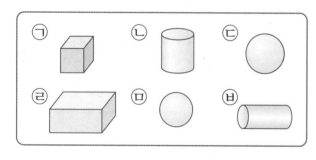

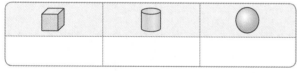

18 두 모양을 만드는 데 모두 이용한 모양에 ○표 하세요.

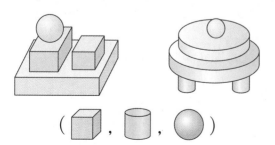

서술형

19 쌓았을 때 잘 쌓이는 물건은 모두 몇 개인지 풀이 과정을 쓰고 답을 구하세요.

풀이

답 _____

서술형

20 다음 모양을 만드는 데 가장 많이 이용한 모양을 찾으려고 합니다. 풀이 과정을 쓰고 가장 많이 이용한 모양에 ○표 하세요.

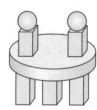

풀이

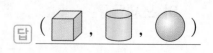

단원 실력 평가

💙 복습책 p.14~17에 실력 평가 추가 제공

1 ⬜ 모양인 물건에 ○표 하세요.

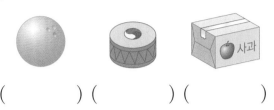

(   ) (   ) (   )

2 물건의 모양을 바르게 짝 지은 것을 찾아 기호를 쓰세요.

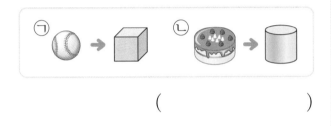

(   )

3 잘 쌓을 수 있는 모양을 모두 찾아 ○표 하세요.

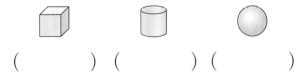

(   ) (   ) (   )

4 오른쪽 물건과 같은 모양인 물건을 찾아 기호를 쓰세요.

(   )

5 어떤 모양인 물건을 모은 것인지 알맞은 모양에 ○표 하세요.

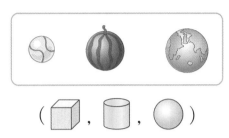

(⬜ , ⬜ , ◯)

[6~7] 다음 모양을 보고 물음에 답하세요.

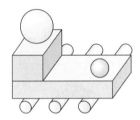

6 모양을 만드는 데 이용한 ◯ 모양은 모두 몇 개인가요?

(   )

7 모양을 만드는 데 이용한 ⬜ 모양은 모두 몇 개인가요?

(   )

8 보이는 일부분을 보고 같은 모양끼리 이어 보세요.

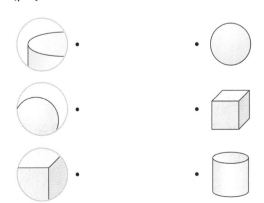

단원 실력 평가

9 오른쪽 보이는 모양과 같은 모양의 물건을 찾아 기호를 쓰세요.

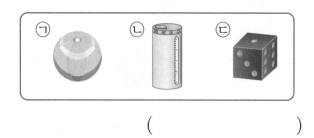

(   )

10 같은 모양끼리 모으려고 합니다. 잘못 모은 물건에 ✕표 하세요.

11 모양이 <u>다른</u> 하나는 어느 것인가요?

·· (   )

① ② ③
④ ⑤

12 우리 주변에서 오른쪽 보이는 모양과 같은 모양의 물건을 2개 찾아 쓰세요.

(   )

13 굴려 보았을 때 한쪽 방향으로만 잘 굴러가는 물건은 모두 몇 개인가요?

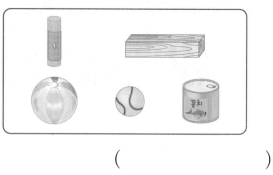

(   )

14 다음 모양을 만드는 데 ⬜, ⬛, 🔵 모양을 각각 몇 개 이용했는지 쓰세요.

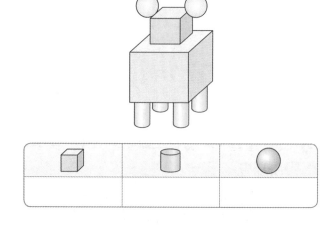

⬜	⬛	🔵

15 한 가지 모양만 이용하여 만든 모양을 찾아 기호를 쓰세요.

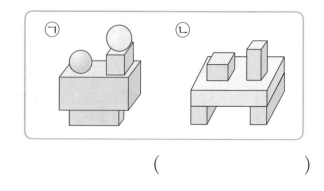

(   )

16 🔵 모양을 **3**개 이용하여 만든 모양을 찾아 기호를 쓰세요.

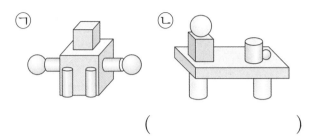

㉠　　　㉡

(　　　　　　　)

17 다음은 🔲, 🔵, ⚪ 모양 중에서 어떤 모양에 대한 설명인지 ○표 하세요.

- 평평한 부분이 있습니다.
- 어느 방향으로든 쉽게 쌓을 수 있습니다.

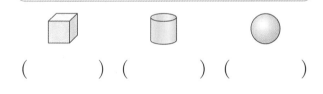

(　　　) (　　　) (　　　)

18 다음 모양을 만드는 데 가장 많이 이용한 모양에 ○표, 가장 적게 이용한 모양에 △표 하세요.

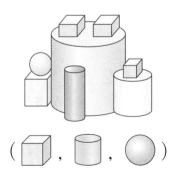

(🔲 , 🔵 , ⚪)

19 🔲, 🔵, ⚪ 모양 중에서 가장 적은 모양은 어떤 모양인지 구하려고 합니다. 풀이 과정을 쓰고 어떤 모양인지 ○표 하세요.

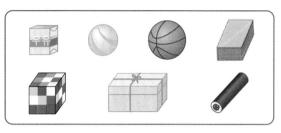

풀이

답 (🔲 , 🔵 , ⚪)

20 |보기|의 주어진 모양을 모두 이용하여 만든 것을 찾으려고 합니다. 풀이 과정을 쓰고 답을 구하세요.

┤ 보기 ├

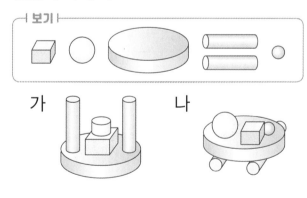

가　　　　　나

풀이

답

2
여러 가지 모양

덧셈과 뺄셈

출발~
START

단원 내용 미리보기

본문 68, 78쪽

덧셈식, 뺄셈식을 쓰고 읽기

덧셈식

쓰기 4+2=6

읽기
┌ 4 더하기 2는 6과 같습
│ 니다.
└ 4와 2의 합은 6입니다.

뺄셈식

쓰기 6-4=2

읽기
┌ 6 빼기 4는 2와 같습니다.
└ 6과 4의 차는 2입니다.

본문 70쪽

덧셈하기

예 4+2의 계산

(1)

○를 4개 그리고 2개가 더
있으므로 4하고 5, 6으로 세
어 그립니다.

→ 4+2=6

(2)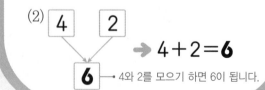

→ 4+2=6

4와 2를 모으기 하면 6이 됩니다.

 스마트폰을 이용하여 QR 코드를 찍으면 **개념 학습 영상**을 볼 수 있어요.

본문 80쪽

뺄셈하기

예 6 − 4의 계산

(1)

○를 6개 그리고 빼는 수만큼 ○ 4개를 지우고 남은 ○를 하나씩 세면 1, 2로 **2**개입니다.
➡ **6 − 4 = 2**

(2)

➡ **6 − 4 = 2**

6은 4와 2로 가르기 할 수 있습니다.

본문 82쪽

0을 더하거나 빼기

0 + (어떤 수) = (어떤 수)
(어떤 수) + **0** = (어떤 수)

0 + 5 = 5
5 + 0 = 5

(어떤 수) − **0** = (어떤 수)
(어떤 수) − (어떤 수) = **0**

5 − 0 = 5
5 − 5 = 0

도착! FINISH

이제부터 **기본+응용**을 시작해 볼까요~

개념 익히기

개념 1 \ 모으기와 가르기(1) → 모형

◆ 모형으로 수를 모으기와 가르기 하기

개념 플러스

예 4를 모으기 하기

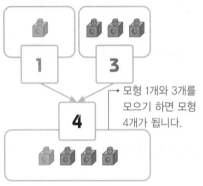

1과 3을 모으기 하면
4가 됩니다.

└ 모형 1개와 3개를 모으기 하면 모형 4개가 됩니다.

예 4를 가르기 하기

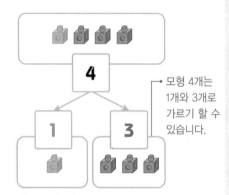

4는 1과 3으로
가르기 할 수 있습니다.

└ 모형 4개는 1개와 3개로 가르기 할 수 있습니다.

수를 모으기와 가르기 하는 방법은 여러 가지가 있어.

---

1 모으기를 하려고 합니다. 빈 곳에 알맞은 수를 써넣으세요.

(1)

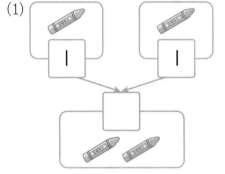

(2)

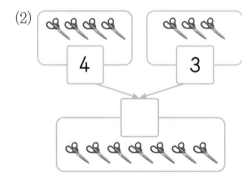

• 물건을 하나씩 세면서 모으기 합니다.

---

2 가르기를 하려고 합니다. 빈 곳에 알맞은 수를 써넣으세요.

(1)

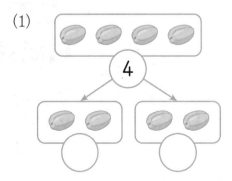

(2)

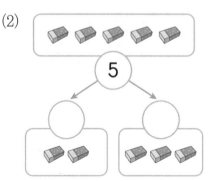

• 물건을 각각 몇 개씩 가르기 했는지 세어 봅니다.

3 그림을 보고 빈 곳에 알맞은 수를 써넣으세요.

(1)

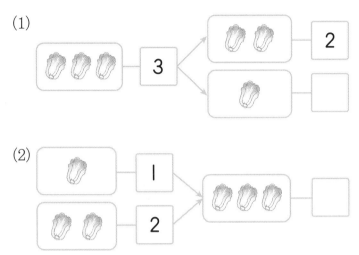

(2)

4 그림에 알맞은 수만큼 ○를 그려 넣고 모으기와 가르기를 해 보세요.

(1)

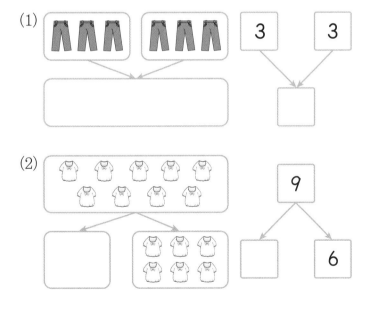

(2)

5 점의 수를 모아서 8개가 되는 것에 ○표 하세요.

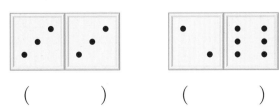

(   )   (   )

• 배추를 세어 가르기와 모으기 합니다.

3
덧셈과 뺄셈

• 옷의 수만큼 ○를 그려 넣고 빈 곳에 수를 써넣습니다.

• 양쪽 점의 수를 모두 세어 봅니다.

개념 2 \ 모으기와 가르기(2) → 수

◈ **수를 모으기와 가르기 하기**

📖 **5를 모으기와 가르기 하기**

(1) 5를 모으기 하기

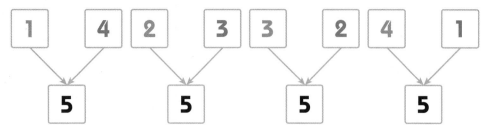

(2) 5를 가르기 하기

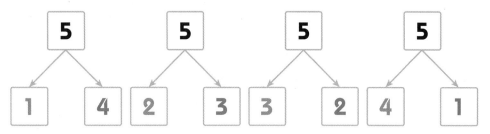

수를 가르기 할 때
한쪽의 수를 하나씩
늘이면 나머지 수는
하나씩 줄어들어!

📑 **참고 개념**

2부터 9까지의 수를 모으기와 가르기 하기

수	2	3	4	5	6	7	8	9
모으기 · 가르기								0, 9
							0, 8	1, 8
						0, 7	1, 7	2, 7
					0, 6	1, 6	2, 6	3, 6
				0, 5	1, 5	2, 5	3, 5	4, 5
			0, 4	1, 4	2, 4	3, 4	4, 4	5, 4
		0, 3	1, 3	2, 3	3, 3	4, 3	5, 3	6, 3
	0, 2	1, 2	2, 2	3, 2	4, 2	5, 2	6, 2	7, 2
	1, 1	2, 1	3, 1	4, 1	5, 1	6, 1	7, 1	8, 1
	2, 0	3, 0	4, 0	5, 0	6, 0	7, 0	8, 0	9, 0

2와 1을 모으기 하면 3이 되고, 3은 2와 1로 가르기 할 수 있습니다.

1 모으기와 가르기를 해 보세요.

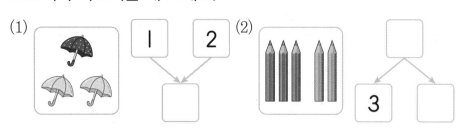

● (1) 색깔에 따라 물건의 수를 세어 보고 전체 물건의 수를 세어 봅니다.
(2) 전체 물건의 수를 세어 보고 색깔에 따라 물건의 수를 세어 봅니다.

2 그림을 보고 모으기와 가르기를 해 보세요.

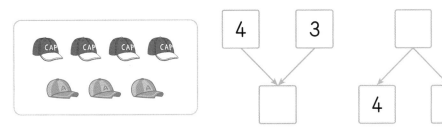

• 빨간색 모자와 초록색 모자의 수를 세어 모으고 가르기 합니다.

3 모으기와 가르기를 해 보세요.

(1)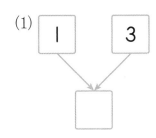

(2)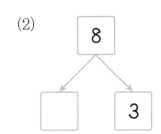

• 수를 여러 가지 방법으로 모으기와 가르기 할 수 있습니다.

4 6을 두 수로 가르기를 바르게 한 것에 ○표 하세요.

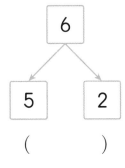

(   )

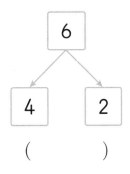

(   )

• 6을 여러 가지 방법으로 가르기 할 수 있습니다.

5 모으기 하여 9가 되도록 두 수를 이어 보세요.

 •   • 2

 •   • 8

3
덧셈과 뺄셈

개념 3 \ 덧셈 이야기 만들기

예  풀에 잠자리가 4마리 앉아 있었는데 2마리가 더 날아와서 6마리가 되었습니다.

개념 4 \ 더하기로 나타내기

◆ 덧셈식을 쓰고 읽기

예

→ └ 모형 4개와 2개를 더하면 6개가 됩니다.

쓰기 4+2=6

읽기 ┌ 4 더하기 2는 6과 같습니다.
└ 4와 2의 합은 6입니다.

개념 플러스

풀에 앉아 있던 잠자리의 수와 더 날아온 잠자리의 수로 이야기를 만들어.

📖 참고 개념
더하기는 +로, 같다는 = 로 나타냅니다.

[1~2] 그림을 보고 물음에 답하세요.

1 이야기를 만들어 보세요.

어항에 빨간색 물고기 1마리와 노란색 물고기 ☐마리가 있으므로 모두 ☐마리입니다.

2 1의 이야기에 알맞은 덧셈식을 쓰고 읽어 보세요.

쓰기 1+3=☐

읽기 ☐ 더하기 3은 ☐와 같습니다.

1과 ☐의 합은 ☐입니다.

• 그림에서 보이는 물고기의 수를 세어 보고 이야기를 만듭니다.

• 물고기의 수를 구하는 덧셈식을 쓰고 읽어 봅니다.

3 그림을 보고 이야기를 만들려고 합니다. □ 안에 알맞은 수를 써 넣으세요.

토끼가 **4**마리 있었는데 □ 마리가

더 와서 □ 마리가 되었습니다.

• 더 온 토끼의 수를 세어 보고 토끼는 모두 몇 마리인지 알아 봅니다.

4 그림을 보고 알맞은 덧셈식에 ○표 하세요.

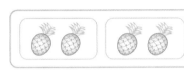

$2+3=5$ $2+2=4$
(   )   (   )

• 파인애플의 수를 더하는 덧셈식 을 알아봅니다.

5 관계있는 것끼리 이어 보세요.

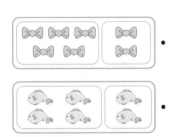

• $2+3=5$

• $4+2=6$

• $5+2=7$

6 그림에 알맞은 덧셈식을 쓰고 읽어 보세요.

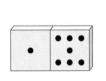

쓰기 □ $+7=$ □

읽기 □ 더하기 **7**은 □ 과 같습니다.

• 양쪽 점의 수의 합을 구합니다.

69

개념 5 \ 덧셈하기

1 그림 그리기를 이용하여 덧셈하기

학생 수만큼 ○를 그리면 ○ **5**개에 **2**개가 더 있으므로
5하고 **6**, **7**로 세어 학생은 모두 **7**명입니다.
➡ **5+2=7**

2 모으기를 이용하여 덧셈하기

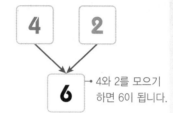

4와 2를 모으기
하면 6이 됩니다.

가방을 멘 학생 **4**명과 가방을 메지 않은 학생 **2**명을 더하면
모두 **6**명입니다.
➡ **4+2=6**

개념 플러스

● 수 세기를 이용하여 덧셈하기
하나씩 세면 1, 2, 3, 4, 5, 6, 7로 세어 학생은 모두 7명입니다.

● 수의 순서를 바꾸어 더하기
가방을 메지 않은 학생 2명과 가방을 멘 학생 4명을 더해도 모두 6명입니다.
2+4=6
➡ 수의 순서를 바꾸어 더해도 합은 같습니다.

1 사슴의 수를 알아보려고 합니다. ○를 이어 그리고 덧셈을 해 보세요.

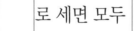

5하고 6, ☐, ☐ 로 세면 모두 ☐ 입니다.

➡ 5+3=☐

● ○ 5개에 더 온 사슴의 수만큼 ○를 이어서 그린 후 ○의 수를 세어 봅니다.

2 모으기를 하고 덧셈을 해 보세요.

(1)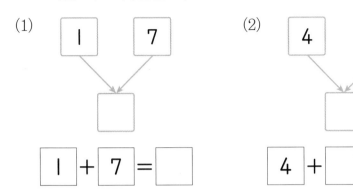

1 + 7 = ☐

(2)

4 + ☐ = ☐

3 그림에 알맞은 덧셈식을 찾아 이어 보고 덧셈을 해 보세요.

   •

• 4+3= ☐

• 2+3= ☐

• 어항 안의 물고기의 수와 더 넣으려는 물고기의 수를 더하는 덧셈식을 만들어 봅니다.

3
덧셈과 뺄셈

4 ○를 그려 덧셈을 해 보세요.

(1)   3+3= ☐

(2)   6+2= ☐

5 그림을 보고 덧셈식을 쓰세요.

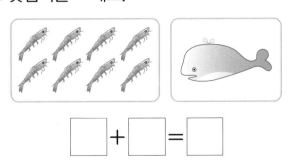

☐ + ☐ = ☐

• 새우의 수와 고래의 수를 더하는 덧셈식을 만들 수 있습니다.

개념 확인 | p.64 개념 1

기본 1 \ 모으기와 가르기(1) → 모형

1 그림을 보고 빈칸에 알맞은 수를 써넣으세요.

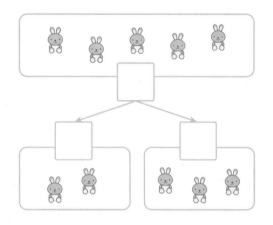

2 ☐ 안에 알맞은 수를 써넣고, 빈 곳에 알맞은 수만큼 ○를 그려 넣으세요.

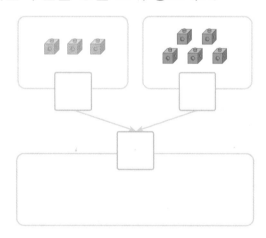

3 그림을 보고 빈칸에 알맞은 수를 써넣으세요.

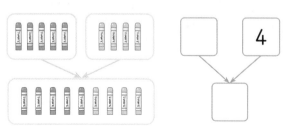

4 주희는 100원짜리 동전을 양손에 들고 있습니다. 왼손과 오른손에 있는 동전을 모으기 하면 모두 몇 개인가요?

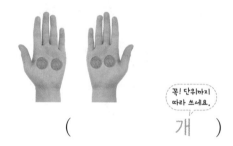

꼭! 단위까지 따라 쓰세요.

(개   )

양손에 있는 동전의 수를 모두 세어 보자.

활용 문제

5 사자 7마리를 가르기 한 것입니다. 빈 곳에 그려 넣어야 할 사자는 몇 마리인가요?

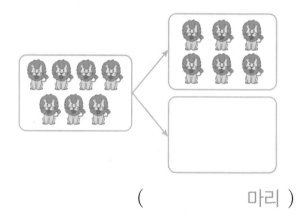

(마리   )

6 쿠키 6개를 초록색 접시보다 분홍색 접시에 더 많게 가르기를 해 보세요. (단, 두 접시에 쿠키를 적어도 한 개씩은 담습니다.)

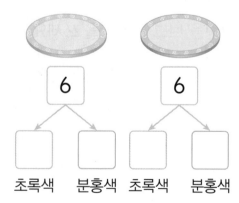

초록색   분홍색   초록색   분홍색

📖 개념 확인 | p.66 개념 2

기본 2 모으기와 가르기(2) → ÷

7 8을 두 수로 <u>잘못</u> 가르기 한 것에 ×표 하세요.

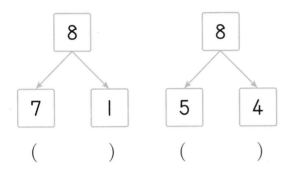

( )　　　( )

8 5를 가르기 하려고 합니다. ○를 색칠하고, 빈칸에 알맞은 수를 써넣으세요.

5	
● ○ ○ ○ ○	

5	
1	
2	
3	
4	

9 모으기 하여 9가 되는 두 수를 모두 찾아 묶어 보세요.

3	6	8
8	3	8
2	8	4
7	2	5

10 두 수를 모으기 하면 5가 되는 것에 ○표 하세요.

( )　( )　( )

활용문제

11 모으기 하여 6이 되는 두 수를 찾아 쓰세요.

2　　5　　4　　3

( )

12 ㉠과 ㉡에 들어갈 수 중 더 큰 수를 쓰세요.

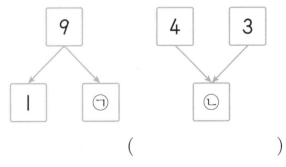

( )

🎓 가르기를 하여 ㉠을 구하고 모으기를 하여 ㉡을 구하자.

3 덧셈과 뺄셈

STEP 2 기본 다지기

📅 개념 확인 | p.68 개념 3

기본 3 \ 덧셈 이야기 만들기

13 그림을 보고 덧셈 이야기를 만들려고 합니다. ☐ 안에 알맞은 수를 써넣으세요.

수달이 땅 위에 ☐ 마리 있고

물 속에 ☐ 마리 있으므로

수달은 모두 ☐ 마리입니다.

14 그림을 보고 이야기를 만들어 보세요.

이야기를 따라 써 보세요.

나뭇가지에 새 ☐ 마리가 앉아 있었

는데 ☐ 마리가 더 날아와서 새는 모두

☐ 마리가 되었습니다.

📅 개념 확인 | p.68 개념 4

기본 4 \ 더하기로 나타내기

15 그림을 보고 ☐ 안에 알맞은 수를 써넣으세요.

➡ ⌐ 1 + ☐ = ☐
　 └ 1 더하기 2는 ☐ 과 같습니다.

16 다음을 덧셈식으로 바르게 나타낸 것에 ○표 하세요.

6과 3의 합은 9입니다.

3+5=8	6+3=9
(　　　)	(　　　)

17 점의 수가 몇 개인지 구하는 덧셈식을 쓰세요.

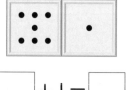

☐ + 1 = ☐

활용문제

18 그림을 보고 덧셈식을 쓰세요.

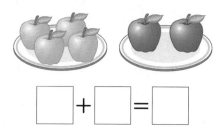

☐ + ☐ = ☐

74

>> 정답과 해설 p. 16

개념 확인 | p.70 개념5

[19~20] 다음을 읽고 덧셈식을 쓰세요.

19

> 개미가 땅 속에 3마리 있고 땅 위에 4
> 마리 있으므로 모두 7마리입니다.

식 _____

20

> 주차장에 자동차가 5대 있었는데 4대
> 가 더 들어와서 모두 9대가 되었습니다.

식 _____

21 다음은 태현이가 가지고 있는 블록입니다.
▱ 모양과 ▭ 모양은 모두 몇 개인지 덧
셈식을 쓰고, 읽어 보세요.

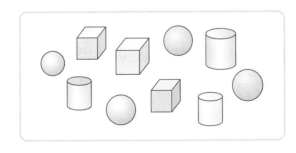

쓰기 _____

읽기 _____

👨‍🎓 ▱ 모양과 ▭ 모양의 수를 먼저 세어 보자.

기본 5 ＼ 덧셈하기

22 모으기를 이용하여 덧셈을 해 보세요.

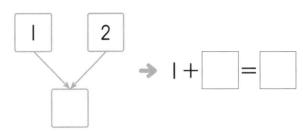

→ 1 + ☐ = ☐

23 그림을 보고 ○를 그려 덧셈을 해 보세요.

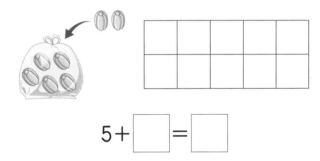

5 + ☐ = ☐

24 덧셈을 해 보세요.

(1) 4 + 4 = ☐

(2) 7 + 2 = ☐

25 ☐ 안에 들어갈 수가 9인 것을 찾아 기호
를 쓰세요.

> ㉠ 7 + 2 = ☐
> ㉡ 6 + 1 = ☐

(   )

3
덧셈과 뺄셈

26 더해서 ●의 수가 되는 덧셈식을 만들어 보세요.

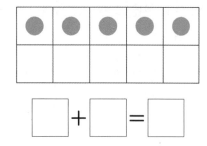

☐ + ☐ = ☐

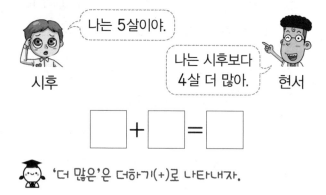

활용문제
27 합이 4가 되는 덧셈식을 만들어 보세요.

☐ + ☐ = 4

28 ☐ 안에 알맞은 수를 써넣으세요.

☐ + 3 = 8

29 합이 더 큰 수에 색칠해 보세요.

4 + 1   3 + 3

30 현서의 나이는 몇 살인지 덧셈식으로 나타내 보세요.

나는 5살이야.
시후
나는 시후보다 4살 더 많아.
현서

☐ + ☐ = ☐

'더 많은'은 더하기(+)로 나타내자.

31 두 수의 합이 7로 같을 때 ☐ 안에 알맞은 수를 써넣으세요.

1 + ☐   6 + ☐

32 놀이터에 여자 어린이 4명과 남자 어린이 4명이 있습니다. 놀이터에 있는 어린이는 모두 몇 명인가요?

식 _____
꼭! 단위까지 따라 쓰세요.

답 _____ 명

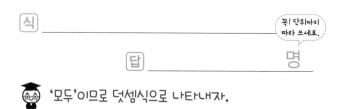

'모두'이므로 덧셈식으로 나타내자.

실력➕ 수를 여러 번 가르기와 모으기 하기

㉤에 알맞은 수 구하기

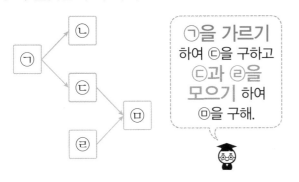

> ㉠을 가르기 하여 ㉢을 구하고 ㉢과 ㉣을 모으기 하여 ㉤을 구해.

33 수를 가르기 하여 빈칸에 알맞은 수를 써 넣으세요.

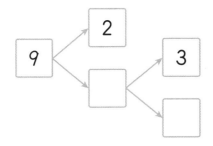

34 수를 모으기 하여 빈칸에 알맞은 수를 써 넣으세요.

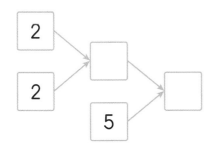

35 빈칸에 알맞은 수를 써넣으세요.

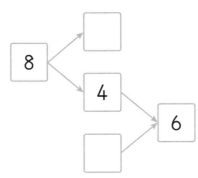

실력➕ 덧셈식에서 어떤 수 구하기

❶ 문장을 어떤 수(□)를 사용하여 덧셈식으로 나타내기
❷ 덧셈식에서 어떤 수(□) 구하기

예 1＋□＝3에서 □의 값 구하기
3은 1과 2로 **가르기** 할 수 있으므로
1＋2＝3이고 □＝2입니다.

36 3과 어떤 수를 더했더니 7이 되었습니다. 어떤 수를 구하세요.

(   )

37 1과 어떤 수를 더했더니 5가 되었습니다. 어떤 수를 구하세요.

(   )

38 4와 어떤 수를 더했더니 지호가 말한 수와 같게 되었습니다. 어떤 수를 구하세요.

5보다 1만큼 더 큰 수

지호

(   )

3 덧셈과 뺄셈

개념 익히기

개념 6 \ 뺄셈 이야기 만들기

벌 6마리가 있었는데 4마리가 날아가서 2마리 남았습니다.

개념 플러스

날아간 벌의 수와 남은 벌의 수로 이야기를 만들어.

개념 7 \ 빼기로 나타내기

🔹 뺄셈식을 쓰고 읽기

→ 모형 6개에서 4개를 빼면 2개 남습니다.

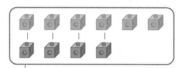

→ 초록색 모형 6개와 빨간색 모형 4개를 비교하면 초록색 모형이 2개 더 많습니다.

쓰기 $6-4=2$

읽기   ┌ 6 빼기 4는 2와 같습니다.
      └ 6과 4의 차는 2입니다.

📓 **참고 개념**
빼기는 −로, 같다는 =로 나타냅니다.

---

1 그림을 보고 이야기를 만들어 보세요.

자동차가 7대 있었는데 ☐ 대가 빠져 나가서 ☐ 대 남았습니다.

● 빠져 나가는 자동차의 수를 세어 보고 이야기를 만듭니다.

2 그림을 보고 알맞은 뺄셈식에 ◯표 하세요.

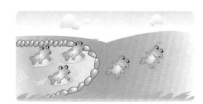

$5-2=3$ (   )

$4-2=2$ (   )

● 연못 밖으로 나간 개구리의 수를 세어 보고 뺄셈식을 만듭니다.

3 그림을 보고 이야기를 만들려고 합니다. □ 안에 알맞은 수를 써 넣으세요.

풀밭에 토끼 ☐ 마리와 쥐 ☐ 마리

가 있습니다. 토끼가 쥐보다 ☐ 마리

더 적습니다.

● 토끼와 쥐의 수를 각각 세어 보고 토끼가 쥐보다 몇 마리 더 적은지 알아보는 이야기를 만들어 봅니다.

4 관계있는 것끼리 이어 보세요.

· · $5-3=2$

· $5-4=1$

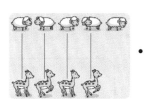

· · $7-3=4$

● 덜어 내거나 수의 차이를 알아 볼 때에는 뺄셈식으로 나타냅 니다.

5 그림에 알맞은 뺄셈식을 쓰고 읽어 보세요.

쓰기 $8-5=$ ☐

읽기 8과 ☐ 의 ☐ 는 ☐ 입니다.

● 뺄셈식 ●−▲=■는 '●와 ▲의 차는 ■입니다.'라고 읽습니다.

3 덧셈과 뺄셈

개념 8 \ 뺄셈하기

1 그림 그리기를 이용하여 뺄셈하기

초의 수만큼 ○ 6개를 그린 후 꺼진 초의 수만큼 ○ 1개를 /으로 지우고 하나씩 세면 1, 2, 3, 4, 5이므로 켜진 초는 5개입니다.

➡ $6-1=5$

2 가르기를 이용하여 뺄셈하기

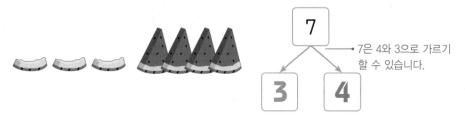

7은 4와 3으로 가르기 할 수 있습니다.

수박 **7**조각 중에서 **3**조각을 먹고 **4**조각이 남았습니다.

➡ $7-3=4$

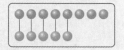

[1~2] 우리에 남은 돼지의 수를 알아보려고 합니다. 물음에 답하세요.

1 우리 밖으로 나간 돼지의 수만큼 ○를 /으로 지우고 □ 안에 알맞은 수를 써넣으세요.

　　　○ 7개에서 2개를 /으로 지우면 ☐ 개가 남습니다.

2 빈칸에 알맞은 수를 써넣으세요.

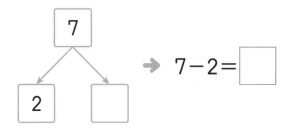

➡ $7-2=$ ☐

● 전체 돼지의 수 7마리를 2마리와 몇 마리로 가르기 해 보고 뺄셈식을 만듭니다.

>> 정답과 해설 p. 18

3 가르기를 하고 뺄셈을 해 보세요.

(1)
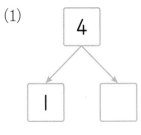

4 − 1 = ☐

(2)
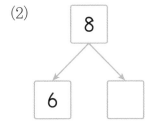

8 − 6 = ☐

4 그림에 알맞은 뺄셈식을 찾아 이어 보고 뺄셈을 해 보세요.

· 5 − 2 = ☐

· 9 − 4 = ☐

· 위 그림은 남은 새의 수를 구하는 것이고 아래 그림은 조개가 진주보다 몇 개 더 많은지 구하는 것입니다.

5 그림을 보고 ○를 그려 뺄셈을 해 보세요.

6 − 3 = ☐

6 그림을 보고 뺄셈식을 쓰세요.

☐ − ☐ = ☐

· 우유 컵과 주스 컵의 수의 차를 구하거나 전체 컵의 수에서 우유 컵의 수 또는 주스 컵의 수를 빼는 뺄셈식을 만들 수 있습니다.

개념 9 \ 0을 더하거나 빼기

1 0이 있는 덧셈하기 → 0+(어떤 수), (어떤 수)+0

$$0+4=4 \qquad 4+0=4$$

0을 더하면 결과는 달라지지 않습니다.

2 0이 있는 뺄셈하기 → (어떤 수)-0, (어떤 수)-(어떤 수)

$$4-0=4 \qquad 4-4=0$$

0이 있는 덧셈	**0이 있는 뺄셈**
0+(어떤 수)=(어떤 수) (어떤 수)+0=(어떤 수)	(어떤 수)-0=(어떤 수) (어떤 수)-(어떤 수)=0

개념 플러스

📑 **참고 개념**

아무것도 없는 것끼리 더하면 아무것도 없습니다.

$$0+0=0$$

📑 **참고 개념**

아무것도 없는 것에서 아무것도 없는 것을 빼면 아무것도 없습니다.

$$0-0=0$$

---

1 귤의 수를 구하려고 합니다. ☐ 안에 알맞은 수를 써넣으세요.

$$0+8=\boxed{} \qquad 8+0=\boxed{}$$

➡ 귤은 모두 ☐ 개입니다.　➡ 귤은 모두 ☐ 개입니다.

- 빈 접시와 귤 8개가 놓여 있는 접시에서 귤의 수를 세어 보고 덧셈을 합니다.

2 남은 구슬의 수를 구하려고 합니다. ☐ 안에 알맞은 수를 써넣으세요.

$$3-0=\boxed{} \qquad 3-3=\boxed{}$$

➡ 남은 구슬은 ☐ 개입니다.　➡ 남은 구슬은 ☐ 개입니다.

- 구슬을 왼쪽 그림은 덜어 낸 것이 없고 오른쪽 그림은 모두 덜어 냈습니다.

≫ 정답과 해설 p. 18

[3~4] 그림을 보고 덧셈과 뺄셈을 해 보세요.

3 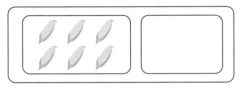 $\boxed{}+0=\boxed{}$

• 왼쪽에는 옥수수가 6개 있고, 오른쪽에는 옥수수가 없습니다.

4  $\boxed{}-0=\boxed{}$

• 참새 7마리에서 한 마리도 빼지 않았습니다.

5 덧셈과 뺄셈을 해 보세요.

(1) $0+1=\boxed{}$

(2) $9+0=\boxed{}$

(3) $5-0=\boxed{}$

(4) $2-2=\boxed{}$

• (1), (2) 0과 어떤 수, 어떤 수와 0의 합은 항상 어떤 수입니다. (3), (4) 어떤 수에서 0을 빼면 어떤 수가 되고, 어떤 수에서 그 수 전체를 빼면 0이 됩니다.

6 계산 결과가 같은 것끼리 이어 보세요.

$2+0$ •   • $8-8$

$0+6$ •   • $2-0$

$0+0$ •   • $6-0$

3 덧셈과 뺄셈

개념 10 \ 덧셈과 뺄셈하기

1 덧셈과 뺄셈하기

$$4 + 1 = 5$$
$$4 + 2 = 6$$
$$4 + 3 = 7$$
$$4 + 4 = 8$$

더하는 수가 1씩 커지면
합도 1씩 커집니다.

$$5 - 1 = 4$$
$$5 - 2 = 3$$
$$5 - 3 = 2$$
$$5 - 4 = 1$$

빼는 수가 1씩 커지면
차는 1씩 작아집니다.

2 식을 보고 알맞은 기호(+, −) 쓰기

(1) 알맞은 기호가 '+'인 경우

① 1 ⊕ 2 = 3
└ 왼쪽 두 수(1, 2)보다
결과(3)가 큰 경우

② 0 ⊕ 4 = 4
└ 가장 왼쪽에 0이 있는데
결과가 0이 아닌 경우

(2) 알맞은 기호가 '−'인 경우

① 5 ⊖ 3 = 2
└ 가장 왼쪽의 수(5)보다
결과(2)가 작은 경우

② 7 ⊖ 7 = 0
└ 왼쪽 두 수(7, 7)가 같고
결과가 0인 경우

개념 플러스

● 합이 같은 덧셈식

예
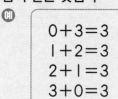
$$0 + 3 = 3$$
$$1 + 2 = 3$$
$$2 + 1 = 3$$
$$3 + 0 = 3$$

합이 항상 3이 되는 덧셈식
입니다.

● =는 양쪽이 같음을 나타내
는 기호이므로 +나 −를
넣어 양쪽이 같게 되는지 확
인해 봅니다.

---

1 덧셈과 뺄셈을 해 보세요.

(1) $3 + 1 = 4$
$3 + 2 = 5$
$3 + 3 = \boxed{}$
$3 + 4 = \boxed{}$

(2) $7 - 2 = 5$
$7 - 3 = 4$
$7 - 4 = \boxed{}$
$7 - 5 = \boxed{}$

2 □ 안에 알맞은 것에 ○표 하세요.

(1) 3 □ 4 = 7 (+ , −)   (2) 9 □ 3 = 6 (+ , −)

● 계산 결과가 커졌으면 +,
작아졌으면 −입니다.

3 □ 안에 알맞은 수를 써넣으세요.

(1) 합이 **6**인 덧셈식

$$\boxed{}+2=6$$

$$5+\boxed{}=6$$

$$\boxed{}+0=6$$

(2) 차가 **0**인 뺄셈식

$$2-\boxed{}=0$$

$$\boxed{}-3=0$$

$$\boxed{}-4=0$$

• (1) 두 수를 더해 6이 되는 모든 경우를 찾습니다.
(2) 어떤 수에서 그 수를 빼면 0이 됩니다.

4 □ 안에 ＋와 － 중 알맞은 것을 써넣으세요.

(1) $2\boxed{}4=6$

(2) $8\boxed{}5=3$

• 계산 결과가 커졌는지, 작아졌는지 먼저 알아봅니다.

5 □ 안에 알맞은 수를 써넣고 계산 결과가 같은 것끼리 이어 보세요.

$$0+7=\boxed{} \quad\cdot \qquad\qquad \cdot\quad 9-0=\boxed{}$$

$$2+6=\boxed{} \quad\cdot \qquad\qquad \cdot\quad 9-1=\boxed{}$$

$$4+5=\boxed{} \quad\cdot \qquad\qquad \cdot\quad 9-2=\boxed{}$$

• 계산하여 결과가 같은 것끼리 이어 봅니다.

기본 다지기

개념 확인 | p.78 개념 6

기본 6 뺄셈 이야기 만들기

1 그림을 보고 뺄셈 이야기를 만들려고 합니다. □ 안에 알맞은 수를 써넣으세요.

연못 안에 오리가 □ 마리 있었는데

□ 마리가 연못 밖으로 나가서 □ 마리가 남았습니다.

2 그림을 보고 이야기를 만들어 보세요.

이야기를 따라 써 보세요.

토끼는 □ 마리, 거북은 □ 마리 있으므로 토끼가 거북보다 □ 마리 더 많습니다.

개념 확인 | p.78 개념 7

기본 7 빼기로 나타내기

3 그림을 보고 □ 안에 알맞은 수를 써넣으세요.

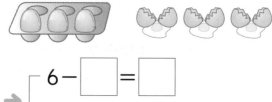

→ 6 − □ = □

6과 □ 의 차는 □ 입니다.

4 그림을 보고 알맞은 뺄셈식을 찾아 기호를 쓰세요.

ㄱ 7−4=3   ㄴ 8−5=4

(   )

5 그림을 보고 뺄셈식을 쓰세요.

5 − □ = □

6 그림을 보고 뺄셈식을 쓰세요.

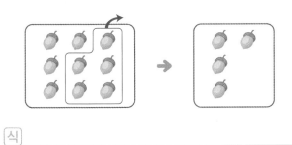

$$\boxed{} - \boxed{} = \boxed{}$$

7 그림을 보고 뺄셈식을 쓰세요.

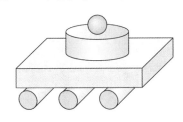

식 _____

8 🛢 모양은 📦 모양보다 몇 개 더 많은지 뺄셈식을 쓰고, 읽어 보세요.

쓰기 _____

읽기 _____

🛢 모양과 📦 모양은 각각 몇 개인지 세어 보자.

기본 8 \ 뺄셈하기

9 가르기를 하고 뺄셈을 해 보세요.

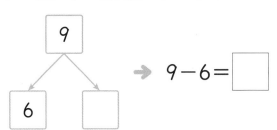

→ $9 - 6 = \boxed{}$

10 ●와 ●를 짝 지어 보고 뺄셈을 해 보세요.

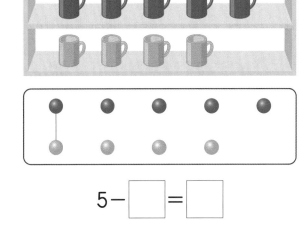

$$5 - \boxed{} = \boxed{}$$

11 그림을 보고 알맞은 뺄셈식을 찾아 기호를 쓰고, 뺄셈을 해 보세요.

㉠ $7 - 2 = \boxed{}$ ㉡ $6 - 5 = \boxed{}$

(   ), (   )

3 덧셈과 뺄셈

12 그림을 보고 뺄셈식을 바르게 만든 사람의 이름을 쓰세요.

지유   5−1=4

6−4=2   시후

(   )

13 그림을 보고 뺄셈식을 2개 만들어 보세요.

식 1 _____

식 2 _____

14 하루에 물을 윤기는 9컵, 정국이는 7컵 마셨습니다. 윤기는 정국이보다 물을 몇 컵 더 많이 마셨는지 그림을 그리고, 답을 구하세요.

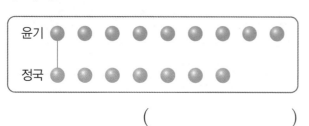

(   )

15 사탕 4개를 언니와 동생이 나누어 가지려고 합니다. 언니가 2개를 가질 때 동생은 몇 개 가지는지 가르기를 하고, 답을 구하세요.

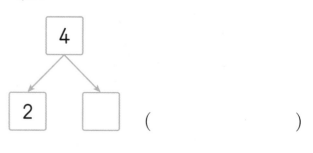

(   )

16 차가 5가 되는 뺄셈식을 2개 만들어 보세요.

□ − □ = 5

□ − □ = 5

활용문제

17 차가 같은 뺄셈식이 쓰여 있습니다. 마지막에 쓰인 뺄셈식을 쓰세요.

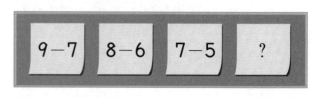

9 − 7   8 − 6   7 − 5   ?

식 _____

주어진 뺄셈식을 먼저 계산해 보자.

📖 개념 확인 | p.82 개념 9

기본 9 0을 더하거나 빼기

18 그림을 보고 뺄셈식을 쓰세요.

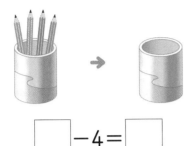

$$\boxed{} - 4 = \boxed{}$$

19 그림을 보고 알맞은 덧셈식을 쓰세요.

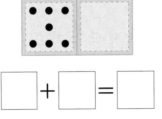

$$\boxed{} + \boxed{} = \boxed{}$$

20 □ 안에 알맞은 수를 써넣고, 계산 결과가 같은 것끼리 이어 보세요.

$$0+9=\boxed{} \quad \cdot \qquad \cdot \quad 0+0=\boxed{}$$

$$8-8=\boxed{} \quad \cdot \qquad \cdot \quad 9-0=\boxed{}$$

21 계산 결과가 <u>다른</u> 하나를 찾아 ○표 하세요.

$$0+6 \qquad 1+7 \qquad 8+0$$

🎓 주어진 식을 계산하여 결과를 비교해 보자.

22 수 카드 중에서 가장 큰 수와 가장 작은 수의 차를 구하세요.

$$7 \qquad 0 \qquad 5$$

( )

🎓 큰 수부터 차례대로 써 보고 가장 큰 수와 가장 작은 수를 구하자.

활용 문제

23 수 카드 중에서 가장 큰 수와 가장 작은 수의 합을 구하세요.

$$0 \qquad 9 \qquad 4$$

( )

24 계산 결과가 0이 되도록 □ 안에 알맞은 수를 써넣으세요.

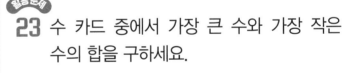

$$\boxed{} + \boxed{} = 0$$

$$\boxed{} - \boxed{} = 0$$

3 덧셈과 뺄셈

개념 확인 | p.84 개념 10

기본 10 \ 덧셈과 뺄셈하기

25 □ 안에 알맞은 수를 써넣으세요.

(1) $2+2=4$

$2+3=$ ▢

$2+4=$ ▢

$2+5=$ ▢

(2) $8-5=3$

$8-6=$ ▢

$8-7=$ ▢

$8-8=$ ▢

26 차가 가장 큰 것에 색칠해 보세요.

$9-9$ $9-8$ $9-7$

27 합이 가장 큰 식을 말한 사람의 이름을 쓰세요.

 $6+3$ $6+2$ $6+1$

지호 하린 다은

(   )

28 □ 안에 ＋와 ― 중 알맞은 것을 써넣으세요.

4 ▢ $3=1$

29 딸기가 5개 있습니다. 그중 3개를 먹었습니다. 남은 딸기는 몇 개인지 뺄셈식으로 나타내 보세요.

▢ $-$ ▢ $=$ ▢

30 □ 안에 알맞은 수가 더 큰 것을 찾아 기호를 쓰세요.

㉠ $9-5=$ ▢   ㉡ ▢ $-1=4$

(   )

31 교실에 남학생이 5명, 여학생이 7명 있습니다. 여학생은 남학생보다 몇 명 더 많은가요?

식

답

 여학생이 남학생보다 몇 명 더 많은지 뺄셈식으로 구하자.

» 정답과 해설 p. 19

실력 ➕ 수 카드를 사용하여 덧셈식(뺄셈식) 만들기

❶ 수 카드를 사용하여 덧셈식 만들기
   (나머지 두 수의 합)=(가장 큰 수)

❷ 수 카드를 사용하여 뺄셈식 만들기
   (가장 큰 수)－(나머지 한 수)
   ＝(나머지 다른 수)

32 3장의 수 카드를 한 번씩 모두 사용하여 덧셈식을 만들어 보세요.

6   1   5

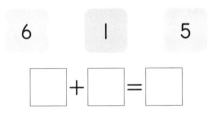

33 3장의 수 카드를 한 번씩 모두 사용하여 뺄셈식을 만들어 보세요.

3   8   5

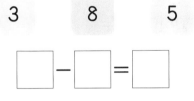

34 세 수를 모두 이용하여 덧셈식과 뺄셈식을 만들어 보세요.

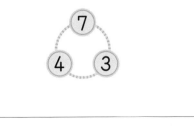

덧셈식 _____

뺄셈식 _____

실력 ➕ 덧셈과 뺄셈의 활용

모두, 더 많은, 합하여

↳ 더하기(＋)를 사용한 식을 만듭니다.

남은, 더 적은, 차는 얼마

↳ 빼기(－)를 사용한 식을 만듭니다.

35 혜윤이는 연필을 6자루 가지고 있었는데 2자루를 동생에게 주었습니다. 남은 연필은 몇 자루인가요?

식 _____

답 _____

36 도윤이의 나이는 8살입니다. 동생은 도윤이보다 2살 더 적고, 형은 동생보다 3살 더 많습니다. 형의 나이는 몇 살인지 구하세요.

(   )

3

덧셈과 뺄셈

STEP 3 응용력 올리기

복습책 p.18에 유사 문제 제공

1 실생활에서 수를 가르기

희수와 동생은 풍선 **5**개를 나누어 가지려고 합니다. 나누어 가지는 방법은 모두 몇 가지인가요? (단, 희수와 동생은 풍선을 적어도 한 개씩은 가집니다.)

5를 모든 경우로 가르기 해 보자.

🔑 해결 과정

❶ 희수와 동생이 나누어 가지는 방법을 알아보세요.

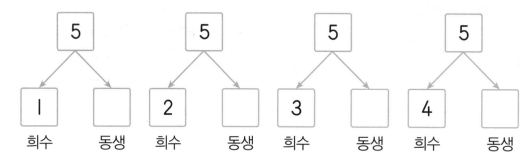

5		5		5		5	
1		2		3		4	
희수	동생	희수	동생	희수	동생	희수	동생

❷ 나누어 가지는 방법은 모두 몇 가지인가요?

(   )

1-1 지민이와 선호는 지우개 **7**개를 나누어 가지려고 합니다. 나누어 가지는 방법은 모두 몇 가지인가요? (단, 지민이와 선호는 지우개를 적어도 한 개씩은 가집니다.)

(   )

✎ 해결 과정을 따라 풀자!

1-2 성재와 유미가 과자 **6**개를 나누어 가지려고 합니다. 성재가 유미보다 과자를 더 많이 가질 수 있는 방법은 모두 몇 가지인가요? (단, 성재와 유미는 과자를 적어도 한 개씩은 가집니다.)

(   )

2 모두 몇 개인지 구하기

물을 선우는 6컵 마셨고, 희정이는 선우보다 3컵 더 적게 마셨습니다. 선우와 희정이가 마신 물은 모두 몇 컵인지 구하세요.

'■는 ▲보다 더 적게'는 뺄셈식으로, ■와 ▲의 합은 덧셈식으로 나타내 보자.

🔑 해결 과정

❶ 희정이가 마신 물은 몇 컵인가요?

( )

❷ 선우와 희정이가 마신 물은 모두 몇 컵인가요?

( )

3 덧셈과 뺄셈

2-1 석진이는 딸기를 5개 먹었고, 태형이는 석진이보다 2개 더 적게 먹었습니다. 석진이와 태형이가 먹은 딸기는 모두 몇 개인가요?

( )

🖊 해결 과정을 따라 풀자!

2-2 현주는 우유를 어제 1컵, 오늘 2컵 마셨고, 남준이는 우유를 어제 2컵, 오늘 2컵 마셨습니다. 현주와 남준이가 어제와 오늘 마신 우유는 모두 몇 컵인가요?

( )

💜 복습책 p.19에 유사 문제 제공

3 차가 가장 큰 뺄셈식 만들기

수 카드 중에서 2장을 골라 차가 가장 큰 뺄셈식을 만들어 계산 결과를 구하세요.

| 2 | 9 | I | 8 | 4 |

(가장 큰 수)−(가장 작은 수)로 차가 가장 큰 뺄셈식을 만들자.

🔑 해결 과정

① 가장 큰 수와 가장 작은 수를 각각 구하세요.

가장 큰 수 (   )

가장 작은 수 (   )

② 차가 가장 큰 뺄셈식을 만들어 계산 결과를 구하세요.

(   )

3-1 수 카드 중에서 2장을 골라 차가 가장 큰 뺄셈식을 만들어 계산 결과를 구하세요.

| 5 | 2 | 6 | 4 | 8 |

(   )

✎ 해결 과정을 따라 풀자!

3-2 수 카드 중에서 2장을 골라 차가 가장 큰 뺄셈식을 만들어 보세요.

| I | 3 | 4 | 5 | 8 | 7 |

식 _____

94

>> 정답과 해설 p. 20

4 ★에 알맞은 수 구하기

■가 3일 때 ★에 알맞은 수를 구하세요. (단, 같은 모양은 같은 수를 나타냅니다.)

$$\cdot \blacksquare + \blacksquare = \blacktriangle \qquad \cdot \bigstar - \blacktriangle = \blacksquare$$

■에 3을 넣어 덧셈식을 먼저 계산해 보자.

🔑 **해결 과정**

❶ ▲에 알맞은 수를 구하세요.

(   )

❷ ★에 알맞은 수를 구하세요.

(   )

4-1 ▲가 2일 때 ★에 알맞은 수를 구하세요. (단, 같은 모양은 같은 수를 나타냅니다.)

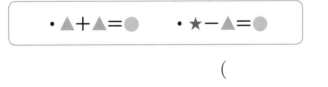

$$\cdot \blacktriangle + \blacktriangle = \bullet \qquad \cdot \bigstar - \blacktriangle = \bullet$$

(   )

✏️ 해결 과정을 따라 풀자!

4-2 같은 모양은 같은 수를 나타냅니다. ★에 알맞은 수를 구하세요.

$$\cdot 1 + \bullet = 9 \qquad \cdot \bullet - \bigstar = 3$$

(   )

3 덧셈과 뺄셈

서술형 수능 대비

창의력
1 금고를 열려면 합이 3이 되는 버튼 두 개를 동시에 눌러야 합니다. 눌러야 하는 두 개의 버튼의 수를 구하세요.

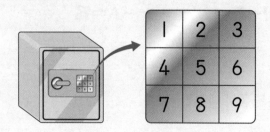

풀이

답 _____

코딩형
2 코딩으로 덧셈을 해 주는 블록이 있습니다. 프로그램을 실행했더니 9가 나왔습니다. 9가 나오기 위해서 블록의 ■와 ▲에 알맞은 수를 넣어 덧셈식을 2가지 쓰세요.

블록	나온 수
▶ 시작하기 버튼을 클릭했을 때 ■ + ▲ 을(를) 계산하기 ▼	9

☐ + ☐ = 9 , ☐ + ☐ = 9

풀이

>> 정답과 해설 p. 21

쓸 줄 알아야 진짜 실력~!

응용력

3 그림과 같이 택시 정류장에서 택시가 승객을 기다리고 있습니다. 잠시 후 택시 2대가 승객을 태우고 출발했다가 1대가 다시 돌아왔다면 지금 택시 정류장에 있는 택시는 몇 대인지 구하세요.

풀이

답

3

덧셈과 **뺄셈**

창의력

4 준수네 가족이 어머니께서 만든 파전을 세어 보지 않고 먹었더니 파전이 2장 남았습니다. 어머니께서 만든 파전의 수가 다음과 같다면 준수네 가족이 먹은 파전은 몇 장인지 □ 안에 알맞은 수를 써넣으세요.

어머니께서 만든 파전	준수네 가족이 먹은 파전	먹고 남은 파전
9장	☐장	
8장	☐장	2장
7장	☐장	

풀이

단원 기본 평가

1 그림을 보고 모으기를 해 보세요.

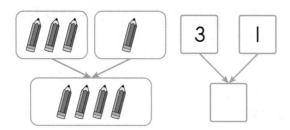

2 두 수로 가르기를 바르게 한 것에 ○표 하세요.

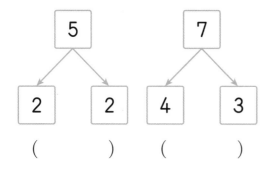

(   ) (   )

3 그림에 알맞은 뺄셈식을 쓰세요.

$5-1=$

4 그림에 알맞은 뺄셈식에 색칠해 보세요.

7−4=3   6−4=2

5 가르기를 하고 뺄셈을 해 보세요.

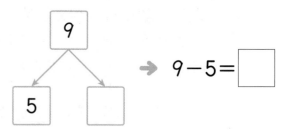

→ $9-5=$

6 ○를 그려 덧셈을 해 보세요.

$4+4=$

7 보기와 같이 알맞은 덧셈식을 쓰세요.

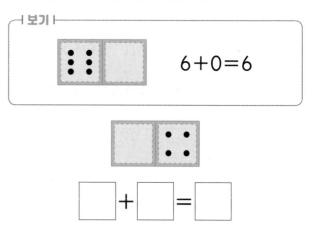

┌ 보기 ┐

6+0=6

$\square+\square=\square$

8 계산 결과가 0인 것에 ○표 하세요.

| 0+7 | 7−0 | 7−7 |

(   ) (   ) (   )

≫ 정답과 해설 p. 21

9 두 수의 합과 차를 구하세요.

6	1

합 (   )

차 (   )

10 □ 안에 알맞은 수를 써넣고, 덧셈식을 쓰고 읽어 보세요.

축구공 2개와 야구공 6개가 있습니다.
공은 모두 □ 개입니다.

쓰기 _____

읽기 _____

11 그림을 보고 뺄셈 이야기를 만들어 보세요.

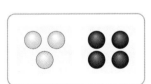

흰색 바둑돌이 □ 개, 검은색 바둑돌

이 □ 개 있습니다. 검은색 바둑돌이

흰색 바둑돌보다 □ 개 더 많습니다.

12 □ 안에 +와 − 중 알맞은 것을 써넣으세요.

$8 \boxed{} 2 = 6$

13 수첩 9개 중에서 2개를 사용했습니다. 남은 수첩은 몇 개인가요?

식 _____

답 _____

14 두 수의 합이 6이 되도록 □ 안에 알맞은 수를 써넣으세요.

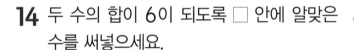

$\boxed{} + 6 = 6$

$1 + \boxed{} = 6$

$2 + \boxed{} = 6$

$\boxed{} + 3 = 6$

15 모으기를 하여 8이 되도록 두 수를 모두 묶어 보세요.

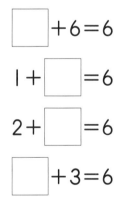

3	5	6	4
5	2	5	4

16 🔵 모양은 ⚪ 모양보다 몇 개 더 많은지 구하세요.

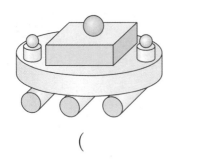

(   )

17 3장의 수 카드를 모두 이용하여 뺄셈식을 2개 만들어 보세요.

$$\boxed{3} \quad \boxed{9} \quad \boxed{6}$$

$$\boxed{} - \boxed{} = \boxed{}$$

$$\boxed{} - \boxed{} = \boxed{}$$

18 세 식의 계산 결과가 같습니다. ㉠+㉡의 값을 구하세요.

$$\boxed{7-2} \quad \boxed{4+㉠} \quad \boxed{㉡-3}$$

(   )

서술형
19 선호와 영재는 사탕 7개를 나누어 가지려고 합니다. 선호가 영재보다 사탕을 더 많이 가질 수 있는 방법은 모두 몇 가지인지 풀이 과정을 쓰고 답을 구하세요. (단, 선호와 영재는 사탕을 적어도 한 개씩은 가집니다.)

 풀이

답 _____

서술형
20 서진이는 색종이를 2장 가지고 있고, 수지는 서진이보다 2장 더 많이 가지고 있습니다. 서진이와 수지가 가지고 있는 색종이는 모두 몇 장인지 풀이 과정을 쓰고 답을 구하세요.

풀이

답 _____

단원 실력 평가

💗 복습책 p.22~25에 **실력 평가** 추가 제공

1 모으기와 가르기를 해 보세요.

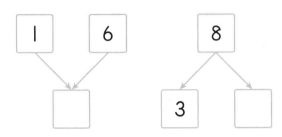

2 그림을 보고 식을 잘못 만든 것에 ×표 하세요.

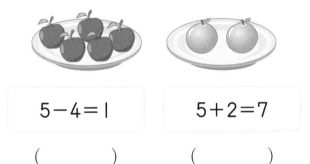

5−4=1

5+2=7

(   )   (   )

3 □ 안에 ＋와 −를 바르게 써넣은 것에 ○표 하세요.

4 □− 3=1   (   )

2 □＋ 2=0   (   )

4 7을 두 수로 바르게 가르기 한 것을 찾아 기호를 쓰세요.

㉠ 4와 3   ㉡ 2와 6

(   )

5 □ 안에 알맞은 수를 써넣고 뺄셈식을 읽어 보세요.

7−6=□

읽기 _____

6 계산 결과를 찾아 이어 보세요.

9−1 ·   · 9

                         · 8

4+5 ·

                         · 7

7 도넛 6개를 두 접시에 똑같이 가르기 하여 담으려고 합니다. 접시에 담는 도넛의 수만큼 ○를 그려 넣으세요.

단원 실력 평가

8 빈칸에 알맞은 수를 써넣으세요.

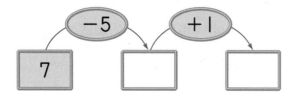

9 □ 안에 알맞은 수를 써넣으세요.

(1) $8 + \boxed{} = 8$

(2) $4 - \boxed{} = 4$

10 계산 결과가 <u>다른</u> 하나를 찾아 ○표 하세요.

$$5-0 \qquad 6-1 \qquad 9-3$$

11 색종이를 다은이는 4장, 시후는 2장 가지고 있습니다. 두 사람이 가지고 있는 색종이는 모두 몇 장인가요?

( )

12 점의 수의 차가 1인 것을 찾아 기호를 쓰세요.

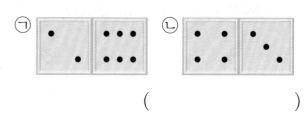

( )

13 초콜릿 5개 중에서 5개를 먹었습니다. 남은 초콜릿은 몇 개인가요?

식 _____

답 _____

14 다음을 읽고 뺄셈식을 쓰세요.

> 구슬 8개 중에서 3개를 친구에게 주었더니 5개가 남았습니다.

식 _____

15 □ 안에 들어갈 +, − 중에서 나머지와 <u>다른</u> 하나를 찾아 ○표 하세요.

$3 \boxed{} 2 = 5$ $9 \boxed{} 4 = 5$ $6 \boxed{} 1 = 5$

( ) ( ) ( )

16 ◆에 알맞은 수를 구하세요.

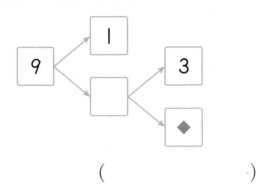

(   )

17 지유와 도윤이가 오늘 읽은 동화책은 모두 몇 쪽인가요?

난 오늘 5쪽을 읽었어!

난 오늘 지유보다 1쪽 더 적게 읽었어!

지유   도윤

(   )

18 □ 안에 들어갈 수가 가장 큰 수를 찾아 기호를 쓰세요.

㉠ 0+□=5   ㉡ □−0=6

㉢ □+1=8   ㉣ □−2=7

(   )

19 같은 모양은 같은 수를 나타냅니다. ◆가 1일 때, ▲에 알맞은 수를 구하려고 합니다. 풀이 과정을 쓰고 답을 구하세요.

◆＋◆＝●, ●＋▲＝7

풀이

답 _____

20 수 카드 4장 중에서 2장을 골라 차가 가장 큰 뺄셈식을 만들려고 합니다. 풀이 과정을 쓰고 뺄셈식을 만들어 보세요.

6   8   2   1

풀이

식 _____

3

덧셈과 뺄셈

비교하기

출발~
START

단원 내용 미리보기

본문 106,108쪽

길이, 키, 높이 비교하기

더 길다

더 짧다

더 크다　더 작다

더 높다　더 낮다

본문 110쪽

무게 비교하기

더 무겁다　　더 가볍다

경험을 생각하여 비교하거나
손으로 들어 보았을 때
힘이 더 드는 쪽이 더 무거워.

 스마트폰을 이용하여 **QR 코드**를 찍으면
개념 학습 영상을 볼 수 있어요.

본문 116쪽

넓이 비교하기

더 넓다   더 좁다

한쪽 끝을 맞추어 **겹쳐 보았을 때**
남는 부분이 있는 것이 **더 넓어.**

본문 118쪽

담을 수 있는 양 비교하기

더 많다   더 적다

그릇의 크기가 클수록
담을 수 있는 양이 더 많아.

도착!
FINISH

이제부터 **기본+응용**을
시작해 볼까요~

개념 익히기

개념 1 \ 길이 비교하기

1 두 가지 물건의 길이 비교하기

두 가지 물건의 길이를 비교할 때에는 '더 길다', '더 짧다'로 나타냅니다.

예

더 길다

더 짧다

- 오이는 고추보다 더 깁니다.
- 고추는 오이보다 더 짧습니다.

2 여러 가지 물건의 길이 비교하기

여러 가지 물건의 길이를 비교할 때에는 '가장 길다', '가장 짧다'로 나타냅니다.

예

가장 길다

- 자가 가장 깁니다.
- 바늘이 가장 짧습니다.

가장 짧다

개념 플러스

● 길이 비교하기

한쪽 끝을 맞추어 맞대었을 때 다른 쪽이 더 많이 남는 것이 더 깁니다.

더 길다

더 짧다

오른쪽 끝이 맞추어져 있으므로 왼쪽을 비교합니다.

---

1 그림을 보고 알맞은 말에 ○표 하세요.

머리핀

빗

(1) 머리핀은 빗보다 더 (깁니다 , 짧습니다).

(2) 빗은 머리핀보다 더 (깁니다 , 짧습니다).

2 더 긴 것에 ○표 하세요.

(   )

(   )

● 왼쪽 끝이 맞추어져 있으므로 오른쪽을 비교합니다.

3 더 짧은 것에 △표 하세요.

(　　　　)

(　　　　)

>> 정답과 해설 p. 23

● 오른쪽 끝이 맞추어져 있으므로 왼쪽을 비교합니다.

4 길이를 비교하여 □ 안에 알맞은 말을 써넣으세요.

숟가락

젓가락

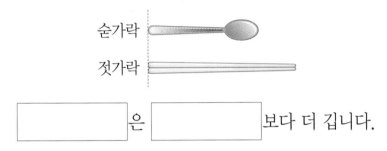

　　　　　　　은 　　　　　　　보다 더 깁니다.

5 가장 긴 것에 ○표, 가장 짧은 것에 △표 하세요.

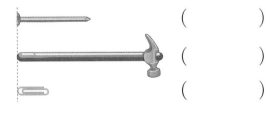

(　　　　)

(　　　　)

(　　　　)

● 세 가지 물건의 길이를 비교할 때에는 둘씩 차례로 비교하거나 세 물건을 동시에 비교합니다.

6 더 긴 것을 찾아 기호를 쓰세요.

㉠

㉡

(　　　　　　　　)

● 양쪽 끝이 맞추어져 있을 때에는 많이 구부러져 있을수록 더 깁니다.

개념 2 \ 키, 높이 비교하기

1 키 비교하기

- 두 사람의 키를 비교할 때에는 '더 크다', '더 작다'로 나타냅니다.
- 여러 사람의 키를 비교할 때에는 '가장 크다', '가장 작다'로 나타냅니다.

예

더 크다 더 작다   가장 크다   가장 작다

2 높이 비교하기

- 두 가지 물건의 높이를 비교할 때에는 '더 높다', '더 낮다'로 나타냅니다.
- 여러 가지 물건의 높이를 비교할 때에는 '가장 높다', '가장 낮다'로 나타냅니다.

예

더 높다 더 낮다   가장 높다   가장 낮다

개념 플러스

● 키 비교하기
아래쪽이 맞추어져 있는 경우 위쪽이 남는 사람이 더 큽니다.

📝 **참고 개념**
두 가지 물건을 비교할 때에는 '더', 여러 가지 물건을 비교할 때에는 '가장'이라고 합니다.

1 그림을 보고 알맞은 말에 ○표 하세요.

규민   승미

(1) 규민이는 승미보다 키가 더 (큽니다 , 작습니다).

(2) 승미는 규민이보다 키가 더 (큽니다 , 작습니다).

● 아래쪽이 맞추어져 있으므로 위쪽을 비교합니다.

2 키가 더 큰 사람에 ○표 하세요.

(1)
(2)

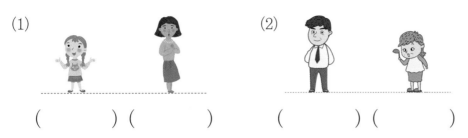

(   ) (   )   (   ) (   )

3 높이를 비교하여 알맞게 이어 보세요.

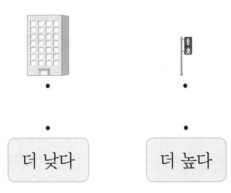

더 낮다   더 높다

- 두 물건의 높이를 비교할 때에는 '더 높다', '더 낮다'로 나타냅니다.

4 키가 가장 작은 펭귄에 △표 하세요.

(   )(   )(   )

5 왼쪽 블록보다 더 높은 것에 ○표 하세요.

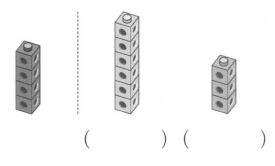

(   ) (   )

- 아래쪽이 맞추어져 있으므로 왼쪽 블록과 비교했을 때 위쪽이 남는 블록이 더 높은 것입니다.

4

비교하기

개념 3 \ 무게 비교하기

❶ 두 가지 물건의 무게 비교하기

두 가지 물건의 무게를 비교할 때에는 '더 무겁다', '더 가볍다'로 나타냅니다.

예

바나나   아령

더 가볍다   더 무겁다

- 아령은 바나나보다 더 무겁습니다.
- 바나나는 아령보다 더 가볍습니다.

❷ 여러 가지 물건의 무게 비교하기

여러 가지 물건의 무게를 비교할 때에는 '가장 무겁다', '가장 가볍다'로 나타냅니다.

예

가장 무겁다   가장 가볍다

- 수박이 가장 무겁습니다.
- 귤이 가장 가볍습니다.

1 그림을 보고 알맞은 말에 ○표 하세요.

(1) 의자는 책상보다 더 (무겁습니다 , 가볍습니다).

(2) 책상은 의자보다 더 (무겁습니다 , 가볍습니다).

>> 정답과 해설 p. 24

2 더 무거운 것에 ○표 하세요.

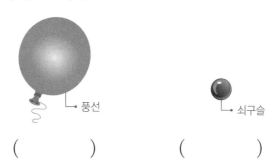

풍선

쇠구슬

(   )   (   )

- 크기가 크다고 항상 무거운 것
은 아닙니다.

3 더 무거운 사람에 ○표 하세요.

(   ) (   )

- 시소는 무거운 쪽이 아래로 내
려가고 가벼운 쪽이 위로 올라
갑니다.

4 똑같은 길이의 용수철에 물건을 매달았더니 그림과 같이 용수철
이 늘어났습니다. 더 무거운 것을 쓰세요.

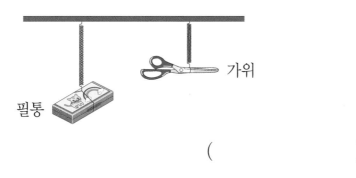

가위

필통

(   )

- 매달린 물건이 더 무거울수록
용수철이 더 많이 늘어납니다.

5 가장 무거운 것을 찾아 기호를 쓰세요.

㉠   ㉡   ㉢

(   )

4

비교하기

111

개념 확인 | p.106 개념 1

기본 1 길이 비교하기

1 더 긴 것에 ○표, 더 짧은 것에 △표 하세요.

(   )

(   )

2 그림을 보고 □ 안에 알맞은 말을 써넣으세요.

붓

풀

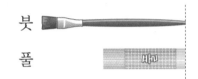

□ 은 □ 보다 더 깁니다.

3 가장 긴 것을 찾아 쓰세요.

당근

파

오이

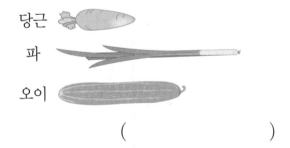

(   )

활동문제

4 가장 긴 것을 찾아 기호를 쓰세요.

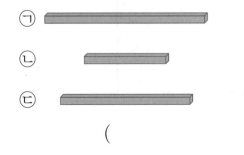

㉠

㉡

㉢

(   )

5 빨랫줄에 옷이 걸려 있습니다. 길이가 가장 짧은 옷을 찾아 기호를 쓰세요.

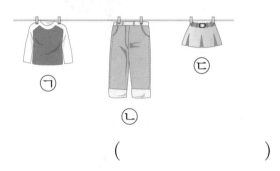

㉠

㉡

㉢

(   )

6 짧은 것부터 순서대로 1, 2, 3을 쓰세요.

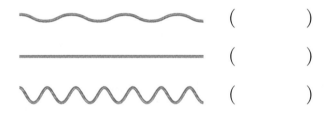

(   )

(   )

(   )

7 가위보다 더 긴 물건의 이름을 쓰세요.

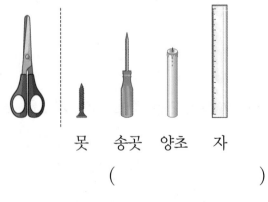

못   송곳   양초   자

(   )

가위와 위쪽을 비교해서 남는 물건을 찾자.

개념 확인 | p.108 개념 2

기본 2 \ 키, 높이 비교하기

8 앉은키가 더 큰 사람에 ○표 하세요.

(   )   (   )

9 가장 높은 것에 ○표, 가장 낮은 것에 △표 하세요.

(   ) (   ) (   )

10 그림을 보고 □ 안에 알맞은 말을 써넣으세요.

앵무새는 [   ] 보다 더 높은 곳에,

[   ] 보다 더 낮은 곳에 있습니다.

11 키가 더 작은 사람은 누구인가요?

준재   민아

(   )

 위쪽이 맞추어져 있으므로 아래쪽을 비교하자.

활용문제
12 키가 가장 큰 사람은 누구인가요?

초희   효진   성구

(   )

서술형
13 |보기|의 말을 사용하여 빌딩과 집의 높이를 비교하는 문장을 만들어 보세요.

| 보기 |
더 낮습니다.

빌딩   집

문장 _____

4

비교하기

📖 개념 확인 | p.110 개념 3

| 기본 3 \ 무게 비교하기 |

14 더 가벼운 것이 들어 있는 자루를 찾아 △표 하세요.

(   )   (   )

15 가장 가벼운 것에 △표 하세요.

┌ 텔레비전

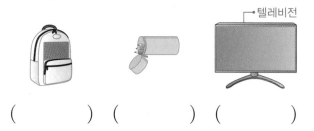

(   ) (   ) (   )

16 각각의 상자 위에 앉았던 사람은 누구일지 이어 보세요.

👓 더 무거운 사람이 앉은 상자가 더 많이 찌그러져.

17 무거운 것부터 순서대로 1, 2, 3을 쓰세요.

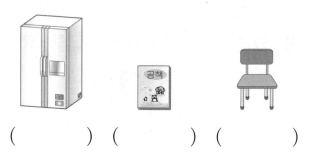

(   ) (   ) (   )

18 그림을 보고 □ 안에 알맞은 말을 써넣으세요.

자두

배

☐ 는 ☐ 보다 더 가볍습니다.

🏃 활용문제

19 무게를 바르게 비교한 것을 찾아 기호를 쓰세요.

연희   창주   연희   인미

┌─────────────────────────────┐
│ ㉠ 창주는 연희보다 더 가볍습니다.   │
│ ㉡ 인미는 연희보다 더 무겁습니다.   │
│ ㉢ 연희는 인미보다 더 무겁습니다.   │
└─────────────────────────────┘

(   )

》 정답과 해설 p. 25

실력+ 기준이 다를 때 길이 비교하기

❶ 기준이 같은 것끼리 비교합니다.
❷ ❶을 활용하여 세 물건의 길이를 비교합니다.

20 가장 긴 것은 어느 것인가요?

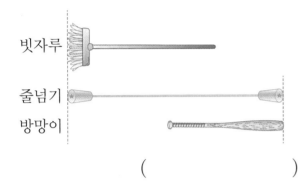

( )

21 가장 긴 것은 어느 것인가요?

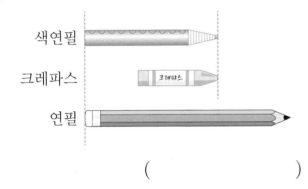

( )

22 모둠별로 물건을 이어 길게 만들었습니다. 가장 짧게 만든 모둠의 이름을 쓰세요.

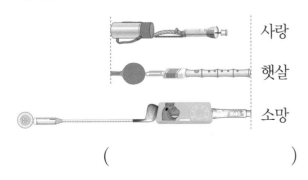

( )

실력+ 세 사람의 무게 비교하기

❶ 둘씩 먼저 비교한 다음
❷ 두 번 시소를 탄 사람을 기준으로 세 사람의 무게를 비교합니다.

예 (1)   (2)

진주   문수   태민   문수

(1) 진주가 문수보다 더 가볍습니다.
(2) 태민이가 문수보다 더 무겁습니다.

가벼움   무거움
진주   문수   태민

23 민우, 서아, 수진이가 시소를 타고 있습니다. 가장 무거운 사람은 누구인가요?

민우   서아   수진   서아

( )

24 유미, 지후, 시연이가 시소를 타고 있습니다. 가장 가벼운 사람은 누구인가요?

유미   지후   시연   지후

( )

개념 익히기

개념 4 \ 넓이 비교하기

1 두 가지 물건의 넓이 비교하기

두 가지 물건의 넓이를 비교할 때에는 '더 넓다', '더 좁다'로 나타냅니다.

예

- 공책은 수첩보다 더 넓습니다.
- 수첩은 공책보다 더 좁습니다.

더 넓다   더 좁다

2 여러 가지 물건의 넓이 비교하기

여러 가지 물건의 넓이를 비교할 때에는 '가장 넓다', '가장 좁다'로 나타냅니다.

예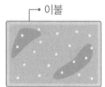

- 이불이 가장 넓습니다.
- 손수건이 가장 좁습니다.

가장 넓다   가장 좁다

개념 플러스

● 넓이 비교하기
한쪽 끝을 맞추어 겹쳐 보았을 때 남는 부분이 있는 것이 더 넓습니다.

● 공책과 수첩 겹쳐 보기

➜ 겹쳐 보면 공책이 남습니다.

● 이불, 방석, 손수건 겹쳐 보기

➜ 겹쳐 보면 이불이 가장 많이 남습니다.

---

1 더 넓은 것에 ○표 하세요.

(1)    (2)

(   ) (   ) (   ) (   )

2 색종이 가와 나를 겹쳐 보았습니다. 더 넓은 것의 기호를 쓰세요.

가  나   ➜

(   )

● 한쪽 끝을 맞추어 겹쳐 봅니다.

>> 정답과 해설 p. 26

3 관계있는 것끼리 이어 보세요.

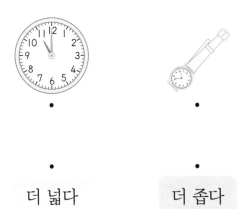

두 물건의 넓이를 비교할 때에는 '더 넓다', '더 좁다'로 나타냅니다.

4 주어진 ◯ 모양보다 더 넓은 ◯ 모양을 오른쪽에 그려 보세요.

5 그림을 보고 ☐ 안에 알맞은 기호를 써넣으세요.

☐ 는 ☐ 보다 더 좁습니다.

6 가장 넓은 것에 ◯표, 가장 좁은 것에 △표 하세요.

(   ) (   ) (   )

겹쳐 보았을 때 가장 많이 남는 것이 가장 넓고, 가장 많이 모자라는 것이 가장 좁습니다.

4

비교하기

개념 5 \ 담을 수 있는 양 비교하기

개념 플러스

1 담을 수 있는 양 비교하기

• 두 가지 물건에 담을 수 있는 양을 비교할 때에는 '더 많다', '더 적다'로 나타냅니다.

• 여러 가지 물건에 담을 수 있는 양을 비교할 때에는 '가장 많다', '가장 적다'로 나타냅니다.

예

더 많다   더 적다   가장 많다   가장 적다

2 담긴 양 비교하기

(1) 모양과 크기가 같은 그릇에 담긴 경우
물의 높이가 높을수록 그릇에 담긴 물의 양이 더 많습니다.

가장 많다   가장 적다

(2) 모양과 크기가 다른 그릇에 담긴 경우
물의 높이가 같을 때에는 그릇의 크기가 클수록 담긴 물의 양이 더 많습니다.

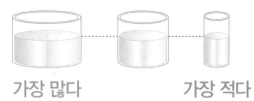

가장 많다   가장 적다

> • 담을 수 있는 양 비교하기
> 그릇의 크기가 클수록 그릇에 담을 수 있는 양이 더 많습니다.

> 담긴 양을 비교할 때에는 그릇의 모양과 크기가 같은지, 다른지 확인해.

1 담을 수 있는 양이 더 많은 것에 ○표 하세요.

(1)   (2)
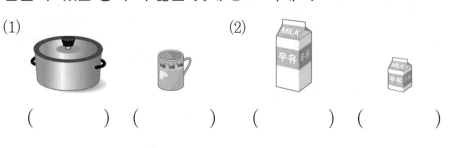

(   ) (   ) (   ) (   )

> • 그릇의 크기를 비교합니다.

>> 정답과 해설 p. 26

2 물이 더 적게 담긴 것에 △표 하세요.

(   )   (   )

그릇의 모양과 크기가 같으므로 물의 높이가 낮을수록 그릇에 담긴 물의 양이 더 적습니다.

3 그림을 보고 □ 안에 알맞은 기호를 써넣으세요.

ㄱ   ㄴ

□ 그릇에 담긴 주스는 □ 그릇에 담긴 주스보다 더 많습니다.

주스의 높이가 같으므로 크기가 더 큰 그릇에 담긴 주스의 양이 더 많습니다.

4 |보기|의 컵보다 담을 수 있는 양이 더 많은 컵에 ○표 하세요.

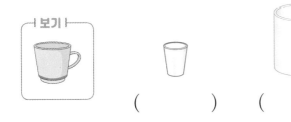

(   )   (   )

5 담긴 물의 양이 가장 많은 것에 ○표, 가장 적은 것에 △표 하세요.

(   )   (   )   (   )

세 그릇의 모양과 크기가 같으므로 물의 높이를 비교합니다.

STEP 2 기본 다지기

개념 확인 | p.116 개념 4

기본 4 \ 넓이 비교하기

1 동화책을 가방에 넣으려면 어떤 가방을 골라야 하는지 ○표 하세요.

(   ) (   )

2 수를 순서대로 잇고, 더 넓은 쪽에 ○표 하세요.

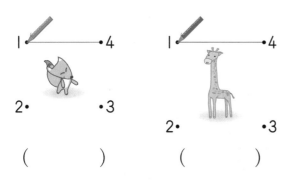

(   )   (   )

3 가장 넓은 칸에 파란색, 가장 좁은 칸에 빨간색을 색칠해 보세요.

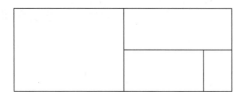

4 그림을 보고 알맞은 말에 ○표 하세요.

(1) (빨간색 , 초록색 , 파란색) 모양이 가장 넓습니다.

(2) (빨간색 , 초록색 , 파란색) 모양이 가장 좁습니다.

 활용 문제

5 그림을 보고 □ 안에 알맞은 말을 써넣으세요.

스케치북   동화책   나뭇잎

(1) [　　　　　　　　]이 가장 넓습니다.

(2) [　　　　　　　　]은 동화책보다 더 좁습니다.

6 자른 참외를 가장 넓은 접시에 담으려고 합니다. 어떤 접시를 골라야 하는지 찾아 기호를 쓰세요.

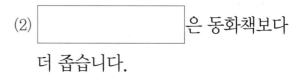
ㄱ   ㄴ   ㄷ

(   )

겹쳐 보았을 때 가장 많이 남는 접시를 찾자.

개념 확인 | p.118 개념 5

기본 5 담을 수 있는 양 비교하기

7 담을 수 있는 양이 가장 많은 것에 ○표 하세요.

(   ) (   ) (   )

8 담긴 물의 양을 비교하여 알맞게 이어 보세요.

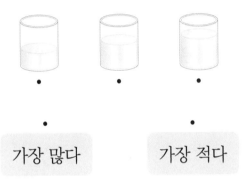

·   ·   ·

·   ·

가장 많다   가장 적다

9 왼쪽보다 물이 더 많이 담긴 것을 찾아 기호를 쓰세요.

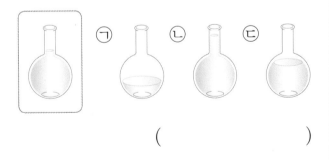

(   )

10 왼쪽 컵보다 오른쪽 컵에 담긴 물의 양이 더 많게 되도록 오른쪽 컵에 물을 그려 보세요.

11 보기의 그릇에 물이 가득 담겨 있습니다. 이 그릇의 물을 넘치지 않게 모두 옮겨 담을 수 있는 그릇에 ○표 하세요.

(   ) (   )

물이 넘치지 않으려면 그릇의 크기가 더 커야 해.

12 그림을 보고 □ 안에 알맞은 기호를 써넣으세요.

가   나   다

가의 물의 양은 □ 의 물의 양보다 더 많고, □ 의 물의 양보다 더 적습니다.

 활용문제

13 담긴 물의 양을 바르게 비교한 사람은 누구인가요?

ㄱ   ㄴ   ㄷ

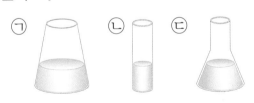

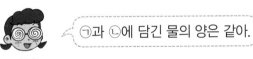

ㄱ과 ㄴ에 담긴 물의 양은 같아.

지안

ㄴ에 담긴 물의 양은 ㄷ에 담긴 물의 양보다 더 적어.

서준

(   )

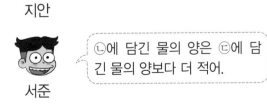

4

비교하기

작은 한 칸의 넓이가 모두 같을 때 칸 수
가 더 많을수록 더 넓은 것입니다.

예 가 　　　　　　나

➡ 칸 수를 세어 보면 가는 5칸, 나는 4칸
이므로 가가 나보다 더 넓습니다.

14 작은 한 칸의 넓이는 모두 같습니다. 색칠
한 ㉠과 ㉡ 중에서 더 넓은 것의 기호를
쓰세요.

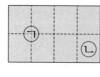

(　　　　　　　)

15 작은 한 칸의 넓이는 모두 같습니다. 색칠
한 ㉠과 ㉡ 중에서 더 좁은 것의 기호를
쓰세요.

(　　　　　　　)

16 작은 한 칸의 넓이가 같은 화단에 그림과
같이 장미, 튤립, 국화를 심었습니다. 가장
좁은 곳에 심은 꽃은 무엇인가요?

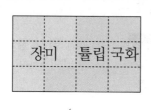

(　　　　　　　)

컵에 물을 가득 따라 마시고 남은 물의 양
이 더 적은 것이 마신 물의 양이 더 많습
니다.

예 가　　　　　　나

마신 물의 양　　　마신 물의 양

가는 나보다 남은 물의 양이 더 적습니다.
➡ 가는 나보다 마신 물의 양이 더 많습니다.

17 정아와 승호가 컵에 물을 가득 따라 마시
고 남은 것입니다. 물을 더 많이 마신 사람
은 누구인가요?

정아　　　　승호

(　　　　　　　)

18 희진, 지선, 송희가 컵에 물을 가득 따라 마
시고 남은 것입니다. 물을 가장 많이 마신
사람은 누구인가요?

희진　　　지선　　　송희

(　　　　　　　)

응용력 올리기

» 정답과 해설 p. **28**

💙 복습책 p.26에 **유사 문제** 제공

1 물을 더 빨리 받을 수 있는 것 찾기

수도에서 나오는 물의 양이 같습니다. 양동이에 물을 가득 받으려고 할 때 물을 더 빨리 받을 수 있는 것을 찾아 기호를 쓰세요.

물을 받는 통의 크기를 비교하자.

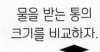

🔑 해결 과정

① 알맞은 말에 ◯표 하세요.

> 물을 더 빨리 받으려면 양동이가 더 (커야 , 작아야) 합니다.

② 물을 더 빨리 받을 수 있는 것을 찾아 기호를 쓰세요.

(   )

1-1 수도에서 나오는 물의 양이 같습니다. 대야에 물을 가득 받으려고 할 때 물을 더 빨리 받을 수 있는 것을 찾아 기호를 쓰세요.

✏️ 해결 과정을 따라 풀자!

(   )

1-2 수도에서 나오는 물의 양이 같습니다. 3개의 물통에 물을 가득 받으려고 할 때 물을 더 빨리 받을 수 있는 것을 찾아 기호를 쓰세요.

(   )

4

비교하기

응용력 올리기

💚 복습책 p.27에 유사 문제 제공

2 칸 수 세어 길이 비교하기

작은 한 칸의 길이는 모두 같습니다. 길이가 가장 긴 것을 찾아 기호를 쓰세요.

> 각각 몇 칸인지 세어 비교하자.

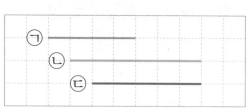

🔑 해결 과정

❶ ㉠, ㉡, ㉢은 각각 몇 칸인가요?

㉠ (   ), ㉡ (   ), ㉢ (   )

❷ 길이가 가장 긴 것을 찾아 기호를 쓰세요.

(   )

2-1 작은 한 칸의 길이는 모두 같습니다. 길이가 가장 긴 것을 찾아 기호를 쓰세요.

✏️ 해결 과정을 따라 풀자!

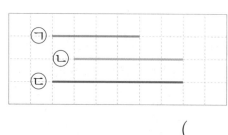

(   )

2-2 연아가 놀이터에서 집까지 가는 길은 그림과 같이 **2**가지가 있습니다. 작은 한 칸의 길이가 모두 같을 때, ㉠과 ㉡ 중에서 더 먼 길은 어느 것인가요?

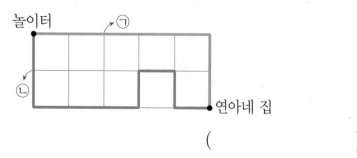

놀이터 ㉠
㉡
연아네 집

(   )

3 설명을 읽고 가장 높은 것 찾기

침대는 옷걸이보다 더 낮고, 옷걸이는 신발장보다 더 낮습니다.
침대, 옷걸이, 신발장 중에서 가장 높은 것은 무엇인가요?

옷걸이를 기준으로
둘씩 비교해 보자.

🔑 해결 과정

① 옷걸이보다 더 낮은 것은 무엇인가요?

(   )

② 옷걸이보다 더 높은 것은 무엇인가요?

(   )

③ 가장 높은 것은 무엇인가요?

(   )

3-1 철봉은 신호등보다 더 낮고, 신호등은 가로수보다 더 낮습니다.
철봉, 신호등, 가로수 중에서 가장 높은 것은 무엇인가요?

✎ 해결 과정을 따라 풀자!

(   )

3-2 선우, 재영, 은태는 같은 아파트에 삽니다. 세 사람 중에서 가장
높은 층에 사는 사람은 누구인가요?

- 선우는 재영이와 은태보다 더 낮은 층에 삽니다.
- 재영이는 은태보다 더 낮은 층에 삽니다.

(   )

4

비교하기

125

STEP 3 응용력 올리기

서술형 수능 대비

창의력

1 형주와 나윤이가 주방에 있는 물건 2개를 이어 붙여서 길이가 더 긴 사람이 이기는 게임을 하였습니다. 두 사람이 가지고 있는 물건이 다음과 같을 때 게임에서 이긴 사람은 누구인지 이름을 쓰세요.

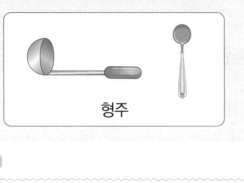

형주

나윤

풀이

답

융합형

2 물이 담긴 컵을 막대로 두드리면 물이 적게 담길수록 높은 소리가 납니다. 막대로 컵을 두드렸을 때 가장 높은 소리가 나는 컵을 찾아 기호를 쓰세요.

ㄱ   ㄴ   ㄷ

풀이

답

쓸 줄 알아야 진짜 실력~!

코딩형
3 보기에 있는 동물을 찾아 빈칸에 차례로 써넣었을 때 ⓒ에 알맞은 동물을 쓰세요.

┤보기├
기린   토끼   코끼리

키가 가장 큰 동물은?   →   ㉠보다 더 무거운 동물은?   →   ㉡보다 키가 더 작은 동물은?

[㉠]   [㉡]   [㉢]

풀이

답

창의력
4 인서네 가족이 밭에 여러 가지 채소를 심었습니다. 작은 한 칸의 넓이가 모두 같고, 색을 칠한 칸만큼 각각의 채소를 심었다면 가장 넓은 곳에 심은 채소는 무엇인가요?

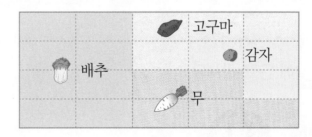

고구마
감자
배추
무

풀이

답

4
비교하기

단원 기본 평가

1 그림을 보고 알맞은 말에 ○표 하세요.

진아   은주

진아는 은주보다 키가 더
(큽니다 , 작습니다).

2 그림을 보고 알맞은 말에 ○표 하세요.

냉장고는 전자레인지보다 더
(높습니다 , 낮습니다).

3 그림을 보고 알맞은 말에 ○표 하세요.

풍선은 수박보다 더
(무겁습니다 , 가볍습니다).

4 더 낮은 것을 찾아 기호를 쓰세요.

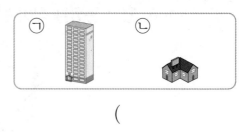

ㄱ   ㄴ

(   )

5 관계있는 것끼리 이어 보세요.

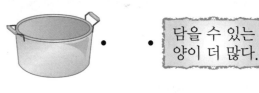

담을 수 있는
양이 더 많다.

담을 수 있는
양이 더 적다.

6 더 가벼운 사람은 누구인가요?

희정   유진

(   )

7 더 넓은 것에 색칠해 보세요.

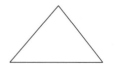

8 더 가벼운 물건을 올려놓은 상자에 △표 하세요.

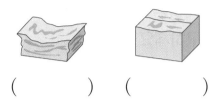

(   )   (   )

9 무게를 비교할 때 쓰는 말로 바르게 짝 지어진 것을 찾아 기호를 쓰세요.

> ㉠ 길다, 짧다   ㉡ 높다, 낮다
>
> ㉢ 무겁다, 가볍다   ㉣ 크다, 작다

(   )

10 파란색, 빨간색, 노란색 색연필의 길이를 비교했습니다. 파란색 색연필보다 더 긴 색연필은 어떤 색인가요?

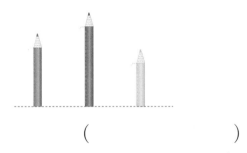

(   )

11 길이가 더 긴 것을 찾아 기호를 쓰세요.

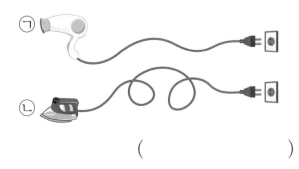

(   )

12 색종이와 지우개의 넓이를 비교하여 □ 안에 알맞은 말을 써넣으세요.

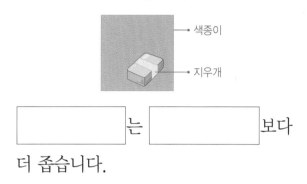

	는		보다

더 좁습니다.

13 왼쪽 컵에 가득 채운 물을 오른쪽 컵으로 옮겨 담으면 어떻게 될지 그려 보세요.

14 가장 넓은 것에 ○표, 가장 좁은 것에 △표 하세요.

(   ) (   ) (   )

4

비교하기

15 담을 수 있는 양이 가장 적은 그릇부터 순서대로 1, 2, 3을 쓰세요.

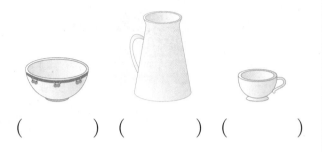

(   ) (   ) (   )

16 작은 한 칸의 넓이는 모두 같습니다. 보기보다 더 넓은 것을 찾아 기호를 쓰세요.

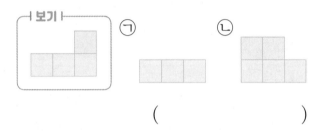

(   )

17 키가 가장 큰 사람은 누구인가요?

지한   선미   유주

(   )

18 주아, 진우, 예나가 시소를 타고 있습니다. 가장 가벼운 사람은 누구인가요?

주아   진우   예나   진우

(   )

19 지애와 규현이가 컵에 우유를 가득 따라 마시고 남은 것입니다. 우유를 더 많이 마신 사람은 누구인지 풀이 과정을 쓰고 답을 구하세요.

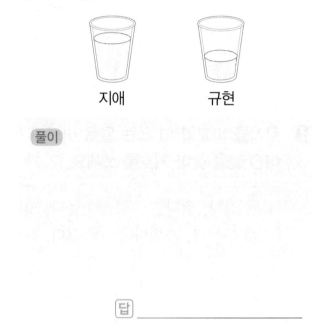

지애   규현

풀이

답 _____

서술형
20 준호네 집에서 학교까지 가는 길은 그림과 같이 2가지가 있습니다. 작은 한 칸의 길이가 모두 같을 때, ㉠과 ㉡ 중에서 더 가까운 길은 어느 것인지 풀이 과정을 쓰고 답을 구하세요.

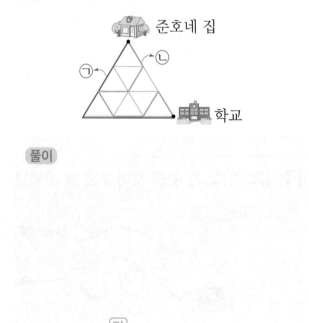

풀이

답 _____

단원 실력 평가

점수

점

💙 복습책 p.30~33에 실력 평가 추가 제공

1 더 짧은 것에 △표 하세요.

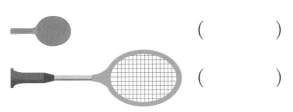

(   )

(   )

2 더 넓은 것에 ○표 하세요.

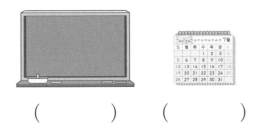

(   )   (   )

3 그림을 보고 □ 안에 알맞은 말을 써넣으세요.

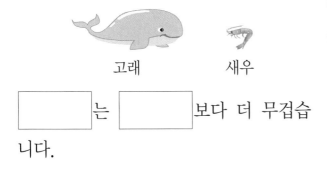

고래   새우

[   ]는 [   ]보다 더 무겁습니다.

4 왼쪽보다 물이 더 적게 담긴 것에 △표 하세요.

(   ) (   )

[5~6] 보기의 비교하는 말 중에서 □ 안에 알맞은 말을 찾아 써넣으세요.

┤보기├

넓다   가볍다   높다   짧다

5 교실의 넓이는 화장실의 넓이보다

더 [   ].

6 가로등의 높이는 자동차의 높이보다

더 [   ].

7 알맞게 이어 보세요.

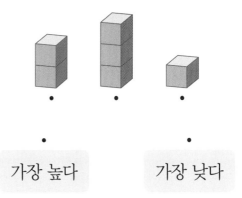

• 가장 높다   • 가장 낮다

8 키가 더 큰 사람은 누구인가요?

소라   경희

(   )

9 가장 높이 올라간 사람에 ○표 하세요.

(   ) (   ) (   )

10 ■로 색칠된 모양보다 더 좁은 □ 모양을 빈 곳에 그려 보세요.

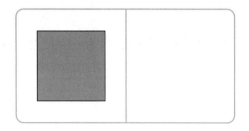

11 가장 넓은 곳을 찾아 기호를 쓰세요.

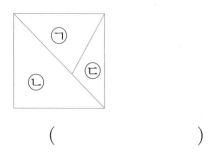

(   )

12 유미와 인경이는 가위바위보를 해서 이기면 작은 한 칸의 넓이가 같은 종이에 한 칸씩 색을 칠했습니다. 누가 색칠한 부분이 더 넓은가요?

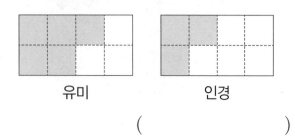

유미   인경

(   )

13 같은 길이의 고무줄에 물건을 매달았더니 그림과 같이 고무줄이 늘어났습니다. 더 무거운 것에 ○표 하세요.

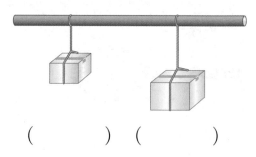

(   )   (   )

14 똑같은 병 ㉠과 ㉡ 중 하나에는 깃털이, 다른 하나에는 콩이 가득 들어 있습니다. 콩이 들어 있는 병을 찾아 기호를 쓰세요.

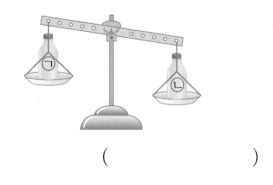

(   )

15 빗보다 더 짧은 물건을 모두 찾아 쓰세요.

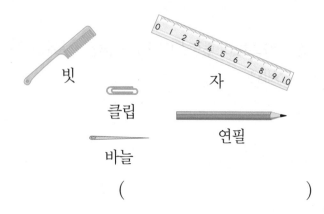

빗   자
클립
바늘   연필

(   )

16 길이가 긴 것부터 차례로 기호를 쓰세요.

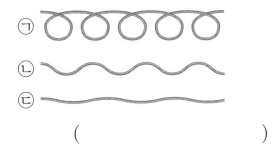

(   )

17 그릇에 담긴 물의 양을 잘못 비교한 사람은 누구인가요?

가   나   다

서아 — 가에 담긴 물의 양은 나에 담긴 물의 양보다 더 적어.

소윤 — 다에 담긴 물의 양은 나에 담긴 물의 양보다 더 많아.

유찬 — 다에 담긴 물의 양이 가장 적어.

(   )

18 키가 큰 사람부터 한 줄로 서려고 합니다. 주영이는 몇째에 서게 되나요?

지혜   현욱   혜연   주영

(   )

서술형

19 모둠별로 간식 시간에 과자를 4개씩 이어 길게 만들었습니다. 가장 길게 만든 모둠은 어느 모둠인지 풀이 과정을 쓰고 답을 구하세요.

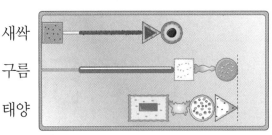

새싹

구름

태양

풀이

답 _____

서술형

20 연필, 볼펜, 색연필 중에서 가장 긴 것은 무엇인지 풀이 과정을 쓰고 답을 구하세요.

• 연필은 볼펜보다 더 짧습니다.
• 볼펜은 색연필보다 더 짧습니다.

풀이

답 _____

4

비교하기

50까지의 수

출발~
START

단원 내용 미리보기

본문 136쪽

9 다음 수 알아보기

9보다 **1**만큼 더 큰 수

→ 쓰기 **10**　읽기 십, 열

9보다 **1**만큼 더 큰 수는
10이라 쓰고 십, 열이라고 읽어!

본문
140, 142쪽

19까지의 수 모으기와 가르기

모으기

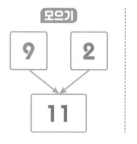

가르기

- **9**와 **2**를 모으기 하면 **11**이 됩니다.
- **12**는 **4**와 **8**로 가르기 할 수 있습니다.

 스마트폰을 이용하여 **QR 코드**를 찍으면
개념 학습 영상을 볼 수 있어요.

본문 152쪽

50까지의 수 세어 보기

10개씩 묶음 **2**개와 낱개 **3**개

➡ 쓰기 **23**

읽기 이십삼, 스물셋

몇십몇을 쓸 때
10개씩 묶음의 수는 앞에,
낱개의 수는 뒤에 씁니다.

본문 156쪽

수의 크기 비교하기

28은 **32**보다 작습니다.

10개씩 묶음의 수가 다른 경우
10개씩 묶음의 수가 클수록
큰 수입니다.

38은 **31**보다 큽니다.

10개씩 묶음의 수가 같은 경우
낱개의 수가 클수록 큰 수입니다.

도착!
FINISH

이제부터 **기본+응용**을
시작해 볼까요~

개념 익히기

개념 1 \ 9 다음 수 알아보기

1 9 다음 수 알아보기

'십'으로 읽는 경우는
10일, 10년,
10등이 있고
'열'로 읽는 경우는
10살, 10개,
10명이 있어!

9보다 1만큼 더 큰 수 ➡ [쓰기] 10 [읽기] 십, 열

2 10을 여러 가지 방법으로 세어 보기

1	2	3	4	5	6	7	8	9	10
일	이	삼	사	오	육	칠	팔	구	십
하나	둘	셋	넷	다섯	여섯	일곱	여덟	아홉	열

3 10 모으기와 가르기

(1) 10 모으기

예

4   6

10

(2) 10 가르기

예

10

7   3

---

1 그림을 보고 □ 안에 알맞은 수를 써넣으세요.

9보다 1만큼 더 큰 수는 [ ] 입니다.

• 양의 수는 모두 몇 마리인지 세어 봅니다.

2 빈칸에 알맞은 수를 써넣으세요.

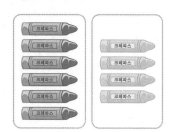

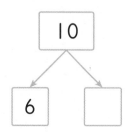

10

6   [ ]

• 파란색 크레파스의 수를 세어 봅니다.

>> 정답과 해설 p. 31

3 하나부터 열까지 차례로 세어 보세요.

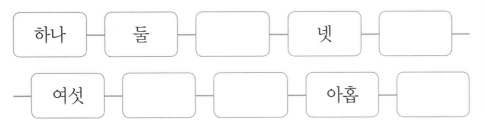

| 하나 | 둘 | | 넷 | |

| 여섯 | | | 아홉 | |

● 일부터 십까지 세지 않도록 주의합니다.

4 빈칸에 알맞은 수를 써넣으세요.

(1) 2 8 → ▢

(2) 10 → 5 ▢

5 밑줄 친 10을 알맞게 읽은 것에 ○표 하세요.

(1) 오빠는 10살입니다.

(십 , 열)

(2) 오늘은 5월 10일입니다.

(십 , 열)

● 10은 '십' 또는 '열'이라고 읽습니다.

6 접시에 초콜릿이 3개 있었습니다. 접시에 초콜릿을 7개 더 담는다면 접시에 담겨 있는 초콜릿은 모두 몇 개인가요?

● 모두 몇 개인지 구할 때는 모으기로 구할 수 있습니다.

꼭! 단위까지 따라 쓰세요.

(개)

5
50
까지의
수

개념 2 \ 십몇 알아보기

개념 플러스

1 10개씩 묶어 세어 수로 쓰고 읽기

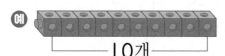

└─── 10개 ───┘ 1개 2개 3개

10개씩 묶음 **1**개와 낱개 **3**개 ➡ 쓰기 **13** 읽기 십삼, 열셋

13을 십셋이나 열삼으로 읽지 않도록 주의하자!

* 먼저 10개씩 묶어 보고 낱개의 수를 세어 수로 나타냅니다.

2 십몇 알아보기

11(십일, 열하나) | **12**(십이, 열둘) | **13**(십삼, 열셋)
14(십사, 열넷) | **15**(십오, 열다섯) | **16**(십육, 열여섯)
17(십칠, 열일곱) | **18**(십팔, 열여덟) | **19**(십구, 열아홉)

* 수는 두 가지 방법으로 읽을 수 있습니다.
  예 12 ➡ 십이, 열둘
     17 ➡ 십칠, 열일곱

1 그림을 보고 □ 안에 알맞은 수를 써넣으세요.

복숭아는 10개씩 묶음 1개와 낱개 6개이므로 모두 [　] 개 입니다.

2 빈칸에 알맞은 수를 써넣으세요.

* 11부터 1씩 커지게 세어 봅니다.

11 ― 12 ― [　] ― 14 ― [　]

» 정답과 해설 p. 31

3 다음을 수로 나타내 보세요.

> | ０개씩 묶음 |개와 낱개 **7**개

( )

● | ０개씩 묶음 |개와 낱개 ▲개
➜ | ▲

4 | ０개씩 묶고, 수로 나타내 보세요.

( )

● | ０개씩 묶음과 낱개가 몇 개
인지 구합니다.

5 관계있는 것끼리 이어 보세요.

| | ·   · 십구 ·   · 열하나

| ９ ·   · 십일 ·   · 열아홉

● 수는 두 가지 방법으로 읽을
수 있습니다.

6 수를 잘못 읽은 사람에 ○표 하세요.

열둘   십칠   십여덟

| ２ | ７ | ８

( )   ( )   ( )

5

50
까
지
의
수

개념 3 19까지의 수 모으기

개념 플러스

📌 9와 2 모으기

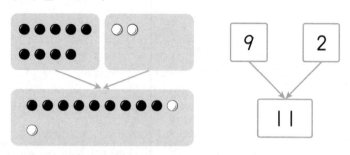

➡ **9**와 **2**를 모으기 하면 **11**이 됩니다.

방법1 수를 세어 모으기
검은색 바둑돌과 흰색 바둑돌을 **모아서 세어 보면** 바둑돌의 수는 **11**입니다.

방법2 이어 세기로 모으기
9 다음 수부터 **2**개의 수를 **이어 세면** 열, 열하나이므로 **9**와 **2**를 모으기 하면 **11**이 됩니다.

• 모은 바둑돌의 수를 10개씩 묶어 보면 10개씩 묶음 1개와 낱개 1개이므로 11입니다.
• 9와 2를 이어 세기로 모으기

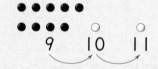

---

1 빈칸에 알맞은 수를 써넣으세요.

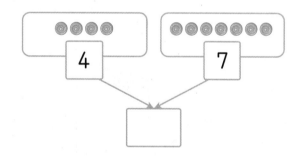

---

2 이어 세기로 11과 3을 모으기 했습니다. □ 안에 알맞은 수를 써넣으세요.

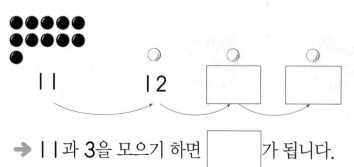

➡ 11과 3을 모으기 하면 [   ]가 됩니다.

• 11 다음 수부터 3개의 수를 이어 세어 봅니다.

» 정답과 해설 p. 32

3 그림을 보고 □ 안에 알맞은 수를 써넣으세요.

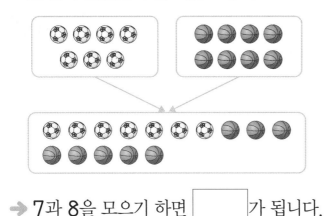

➡ **7**과 **8**을 모으기 하면 □가 됩니다.

• 축구공의 수와 농구공의 수를 모아서 세어 봅니다.

4 빈칸에 알맞은 수를 써넣으세요.

5 모으기 하여 **13**이 되는 수끼리 이어 보세요.

6 •

8 •

• 5

• 9

• 7

• 6과 모으기 해서 **13**이 되는 수와 **8**과 모으기 해서 **13**이 되는 수를 각각 찾아봅니다.

6 붙임딱지를 유선이는 **5**장, 진주는 **9**장 모았습니다. 두 사람이 모은 붙임딱지는 모두 몇 장인가요?

꼭! 단위까지 따라 쓰세요.

(　　　장)

• 모두 몇 장인지를 구할 때는 두 수를 모으기 하여 구합니다.

5

50까지의 수

개념 4 \ 19까지의 수 가르기

예 12를 4와 어느 수로 가르기

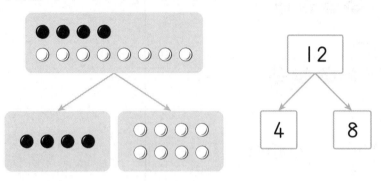

개념 플러스

→ **12**는 **4**와 **8**로 가르기 할 수 있습니다.

방법1 수만큼 지워 가르기

바둑돌 **12**개 중 **4**개를 **지우고** 남은 바둑돌을 세면 **8**개 입니다.

방법2 거꾸로 세기로 가르기

12 앞의 수부터 **4**개의 수를 **거꾸로 세면** 열하나, 열, 아홉, 여덟이므로 **12**는 **4**와 **8**로 가르기 할 수 있습니다.

📝 **참고 개념**
수직선을 이용하여 거꾸로 세기로 수 가르기

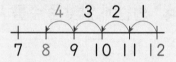

12에서 4칸을 거꾸로 세면 8이므로 12는 4와 8로 가르기 할 수 있습니다.

---

1 빈칸에 알맞은 수를 써넣으세요.

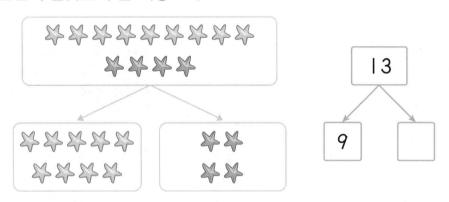

2 빈칸에 알맞은 수를 써넣으세요.

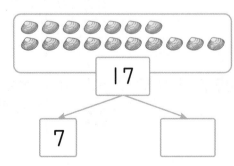

● 조개 17개 중에서 7개를 지 우고 남은 조개의 수를 세어 봅니다.

3 빈 곳에 알맞은 수만큼 ○를 그려 넣고, 알맞은 수를 써넣으세요.

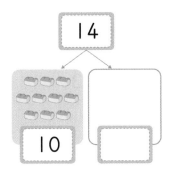

• 14를 10과 어느 수로 가르기 합니다.

4 그림을 보고 가르기를 하여 빈 곳에 알맞은 수를 써넣으세요.

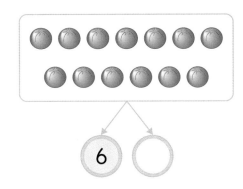

• 토마토를 6개 지우고 남은 수를 세어 봅니다.

5 빈칸에 알맞은 수를 써넣으세요.

(1)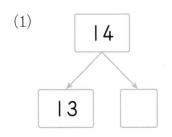

(2)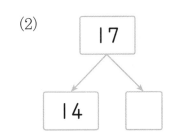

6 11칸을 두 가지 색으로 색칠하고 가르기 하세요.

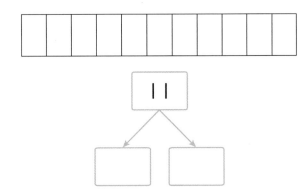

• 11은 여러 가지 방법으로 가르기 할 수 있습니다.

143

📖 개념 확인 | p.136 개념 1

기본 1 \ 9 다음 수 알아보기

1 10개인 것을 찾아 모두 ○표 하세요.

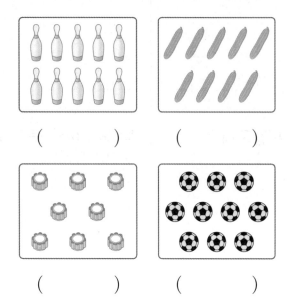

(   )   (   )

(   )   (   )

2 10이 되도록 색칠해 보세요.

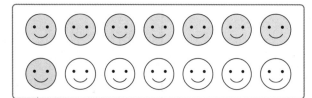

활용문제

3 10이 되도록 ○를 그리고 □ 안에 알맞은 수를 써넣으세요.

6보다 □ 만큼 더 큰 수는 10입니다.

4 빈칸에 알맞은 수를 써넣으세요.

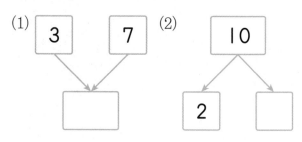

5 10을 알맞게 읽은 것에 ○표 하세요.

6월 10(십 , 열)일은 누나의
10(십 , 열)번째 생일입니다.

6 두 수를 모으기 하여 10이 되지 <u>않는</u> 것에 △표 하세요.

4와 6	7과 2	8과 2

(   )   (   )   (   )

7 10을 여러 가지 방법으로 가르기 하세요.

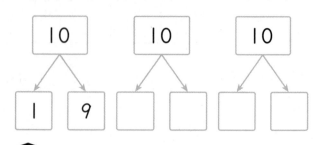

10은 여러 가지 방법으로 가르기 할 수 있어.

≫ 정답과 해설 p. 32

기본 2 십몇 알아보기

📖 개념 확인 | p.138 개념 2

8 12가 되도록 색칠해 보세요.

☆ ☆ ☆ ☆ ☆ ☆ ☆
☆ ☆ ☆ ☆ ☆ ☆ ☆

9 그림을 보고 □ 안에 알맞은 수를 써넣으세요.

달걀은 10개씩 묶음이 □ 개, 낱개가

5개 있으므로 모두 □ 개입니다.

활용문제

10 사용한 블록은 모두 몇 개인가요?

(   )

11 관계있는 것끼리 이어 보세요.

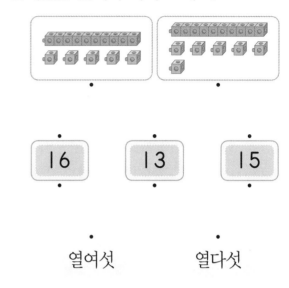

|6 |3 |5

열여섯   열다섯

12 빈칸에 알맞은 수를 써넣으세요.

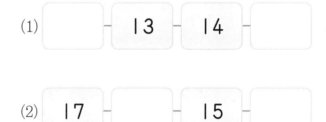

(1) □ ― |3 ― |4 ― □

(2) |7 ― □ ― |5 ― □

13 밑줄 친 19를 읽는 방법이 다른 하나를 찾아 기호를 쓰세요.

㉠ 오늘은 줄넘기를 19번 했습니다.
㉡ 19번 손님 들어오세요.
㉢ 연경이의 사물함 번호는 19번입니다.

(   )

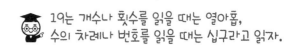

19는 개수나 횟수를 읽을 때는 열아홉,
수의 차례나 번호를 읽을 때는 십구라고 읽자.

5 50까지의 수

145

📖 개념 확인 | p.140 개념3

기본 3 \ 19까지의 수 모으기

14 모으기 하여 빈칸에 알맞은 수를 써넣으세요.

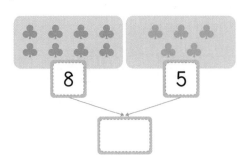

15 모으기 하려고 합니다. 알맞은 수만큼 ○를 그리고, □ 안에 알맞은 수를 써넣으세요.

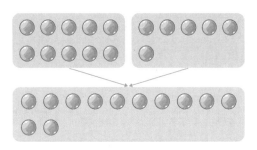

➡ 10과 6을 모으기 하면

[ ]이 됩니다.

16 두 수를 모으기 하여 빈칸에 알맞은 수를 써넣으세요.

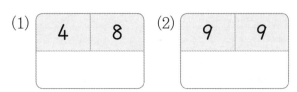

17 모으기 하여 15가 되는 수끼리 이어 보세요.

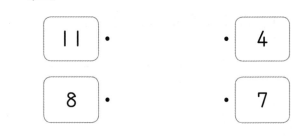

🏋 활용 문제

18 모으기 하여 14가 되는 것끼리 이어 보세요.

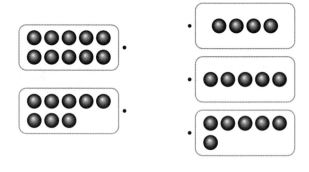

19 두 사람이 먹은 젤리는 모두 몇 개인가요?

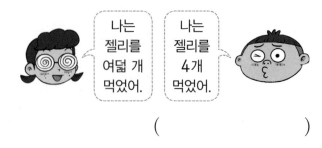

나는 젤리를 여덟 개 먹었어.

나는 젤리를 4개 먹었어.

( )

≫ 정답과 해설 p. 32

20 종훈이가 집에서 쿠키를 만들고 두 접시에 담았습니다. 종훈이가 만든 쿠키는 모두 몇 개인가요?

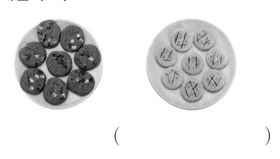

(   )

21 9와 모으기 하여 17이 되는 수를 찾아 ○표 하세요.

| 7   8   9 |

활용문제

22 모으기 하여 13이 되는 두 수를 찾아 ○표 하세요.

| 6   7   8 |

23 ㉡에 알맞은 수를 구하세요.

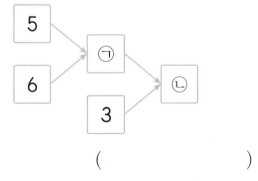

(   )

🎓 모으기 하여 ㉠에 알맞은 수를 먼저 구하자.

📖 개념 확인 | p.142 개념 4

기본 4 \ 19까지의 수 가르기

24 가르기 하여 빈칸에 알맞은 수를 써넣으세요.

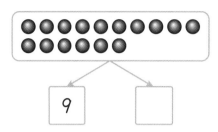

25 딸기 12개를 바르게 가르기 한 것에 ○표 하세요.

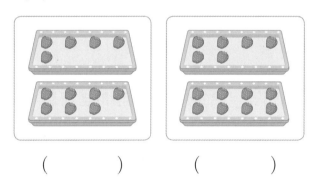

(   )   (   )

26 빈칸에 알맞은 수를 써넣으세요.

(1)   (2)

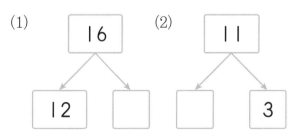

5

50까지의 수

27 바르게 가르기 한 것을 찾아 ○표 하세요.

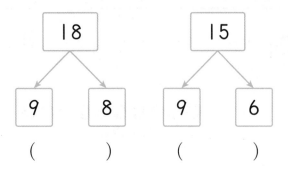

(   )   (   )

활용문제

28 14를 바르게 가르기 한 것을 찾아 ○표 하세요.

(   )   (   )

29 15는 8과 어느 수로 가르기 할 수 있는지 알맞은 수에 ○표 하세요.

9   7   10

30 12칸을 두 가지 색으로 색칠하고 가르기 하세요.

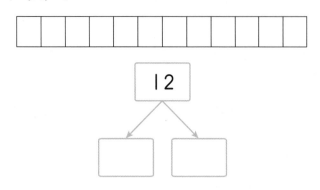

31 구슬 13개를 두 상자에 모두 나누어 담았습니다. 파란색 상자에 구슬을 7개 담았다면 노란색 상자에는 몇 개의 구슬을 담았는지 ○를 그려 보세요.

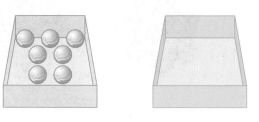

32 16을 똑같은 두 수로 가르기 하세요.

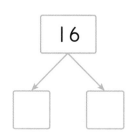

33 ㉠과 ㉡ 중 더 큰 수를 찾아 기호를 쓰세요.

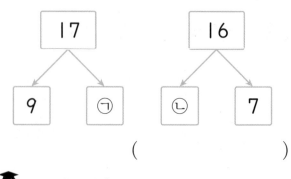

(   )

먼저 ㉠과 ㉡을 각각 구하자!

실력 + 가르기의 활용

예 구슬 10개를 친구와 내가 나누어 가질 때 **친구가 나보다 더 많이 가지는 경우**
(단, 두 사람이 적어도 한 개씩은 가집니다.)

10	친구	9	8	7	6
	나	1	2	3	4

34 자두 12개를 나와 동생이 나누어 가지려고 합니다. 내가 동생보다 자두를 더 많이 가지도록 접시 위에 ○로 나타내 보세요.
(단, 두 사람이 적어도 한 개씩은 가집니다.)

나

동생

35 껌 13개를 지후와 경수가 나누어 가지려고 합니다. 지후가 경수보다 껌을 더 많이 가지도록 접시 위에 ○로 나타내 보세요.
(단, 두 사람이 적어도 한 개씩은 가집니다.)

지후

경수

실력 + 10이 아닌 것 찾기

1 주어진 것들을 각각 수로 나타냅니다.

2 나타내는 수가 **10**이 아닌 것을 찾습니다.

📑 참고 개념
나타내는 수가 10인 수
예 십, 열, 9보다 1만큼 더 큰 수, 5와 5를 모으기 한 수, 10개씩 묶음 1개⋯⋯

36 나타내는 수가 10이 아닌 것을 찾아 기호를 쓰세요.

> ㉠ 9와 1을 모으기 한 수
> ㉡ 열
> ㉢ 8보다 1만큼 더 큰 수

( )

37 나타내는 수가 10이 아닌 것을 찾아 기호를 쓰세요.

> ㉠ 6보다 4만큼 더 큰 수
> ㉡ 9와 2를 모으기 한 수
> ㉢ 십

( )

5

50까지의 수

개념 익히기

개념 5 \ 10개씩 묶어 세어 보기

1 10개씩 묶어 세어 수로 쓰고 읽기

예 10개씩 묶음 **2**개

→ 쓰기 **20**   읽기 이십, 스물

2 몇십을 쓰고 읽는 방법

10개씩 묶음	수	
	쓰기	읽기
2	**20**	이십, 스물
3	**30**	삼십, 서른
4	**40**	사십, 마흔
5	**50**	오십, 쉰

10개씩 묶음의 수가 한 개씩 늘어날 때마다 10만큼씩 더 커져.

10개씩 묶어 세면 한눈에 수를 알아보기 쉬워.

개념 플러스

📖 **참고 개념**
몇십을 10개씩 묶음으로 나타낼 수 있습니다.
예 20은 10개씩 묶음이 2개인 수입니다.

---

1 그림을 보고 ☐ 안에 알맞은 수를 써넣으세요.

10개씩 묶음 ☐ 개이므로 ☐ 입니다.

• 10개씩 묶음 ■개
→ ■0

2 수를 바르게 읽은 것에 ○표 하세요.

(1) | 30 | → (삼십 , 사십)

(2) | 20 | → (열둘 , 스물)

>> 정답과 해설 p. 34

3 수를 세어 쓰세요.

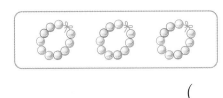

(   )

• 10개씩 묶음이 몇 개인지 세어 봅니다.

4 ☐ 안에 알맞은 수를 써넣으세요.

(1) 20은 10개씩 묶음 ☐ 개입니다.

(2) 40은 10개씩 묶음 ☐ 개입니다.

• ■0 ➡ 10개씩 묶음 ■개

5 관계있는 것끼리 이어 보세요.

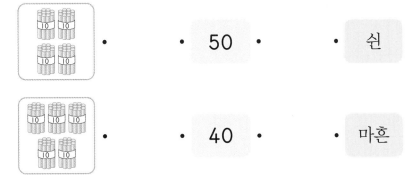

       • 50 •   • 쉰

       • 40 •   • 마흔

6 지우개가 10개씩 3상자 있습니다. 지우개는 모두 몇 개인가요?

꼭! 단위까지 따라 쓰세요.

(개   )

• 지우개는 10개씩 묶음이 몇 개인지 구해 봅니다.

5
50까지의 수

개념 익히기

 STEP

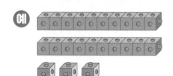

개념 6 \ 50까지의 수 세어 보기

1 몇십몇을 쓰고 읽기

10개씩 묶음 **2**개와 낱개 **3**개
→ 쓰기 **23** 읽기 이십삼, 스물셋

몇십몇을 쓸 때 10개씩 묶음의 수는 앞에, 낱개의 수는 뒤에 씁니다.

2 몇십몇을 10개씩 묶음과 낱개로 나타내기

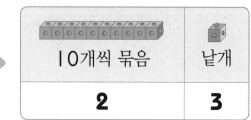

23 →	10개씩 묶음	낱개
	2	**3**

  23은 10개씩 묶음 2개와 낱개 3개인 수야!

개념 플러스

🔊 **주의 개념**

23을 이십셋이나 스물삼으로 읽지 않도록 주의합니다.

📑 **참고 개념**

10개씩 묶음 2개 → 23
낱개 3개

---

1 그림을 보고 □ 안에 알맞은 수를 써넣으세요.

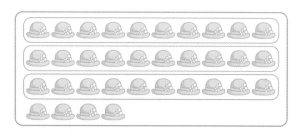

10개씩 묶음 **3**개와 낱개 **4**개는 [   ]입니다.

• 몇십몇을 쓸 때 10개씩 묶음의 수는 앞에, 낱개의 수는 뒤에 씁니다.

2 빈칸에 알맞은 수를 써넣으세요.

수	10개씩 묶음	낱개
37	3	
46		6

• ■▲
  └→ 10개씩 묶음의 수
  └→ 낱개의 수

>> 정답과 해설 p. 34

3 □ 안에 알맞은 수를 써넣으세요.

(1)

10개씩 묶음	낱개
2	9

➡ [　]

(2)

10개씩 묶음	낱개
4	1

➡ [　]

4 수를 세어 쓰고 두 가지 방법으로 읽어 보세요.

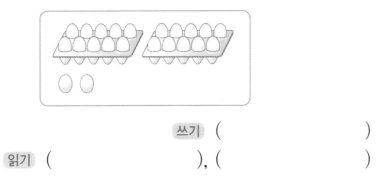

쓰기 (　　　　　　　　)

읽기 (　　　　　　), (　　　　　　)

5 관계있는 것끼리 이어 보세요.

44 •　　• 스물여섯 •　　• 사십사

26 •　　• 마흔넷 •　　• 이십육

6 색종이가 10장씩 3봉지와 낱개로 5장 있습니다. 색종이는 모두
몇 장인가요?

꼭! 단위까지
따라 쓰세요.

(　　　　장　)

5
50까지의 수

개념 익히기

개념 7 \ 50까지의 수의 순서 알아보기

◆ 수의 순서 알아보기

오른쪽으로 **1**칸씩 갈 때마다 **1**씩 커집니다.

1	2	3	4	5	6	7	8	9	10
11	12	13	14	15	16	17	18	19	20
21	22	23	24	25	26	27	28	29	30
31	32	33	34	35	36	37	38	39	40
41	42	43	44	45	46	47	48	49	50

왼쪽으로 **1**칸씩 갈 때마다 **1**씩 작아집니다.

참고

23과 **25** 사이에 있는 수

23 ── 24 ── 25

24보다 **1**만큼 더 작은 수
(24 바로 앞의 수)

24보다 **1**만큼 더 큰 수
(24 바로 뒤의 수)

개념 플러스

📖 참고 개념
• 수를 순서대로 쓰면 1씩 커집니다.
  예 31−32−33
     −34−35
• 수를 거꾸로 쓰면 1씩 작아집니다.
  예 35−34−33
     −32−31

---

1 순서를 생각하며 빈칸에 알맞은 수를 써넣으세요.

27	28		30	31	

• 오른쪽으로 1칸씩 갈 때마다 1씩 커집니다.

2 수를 순서대로 쓴 것을 보고 □ 안에 알맞은 수를 써넣으세요.

19 − 20 − 21 − 22 − 23 − 24 − 25

(1) 25 바로 앞의 수는 [ ] 입니다.

(2) 21 바로 뒤의 수는 [ ] 입니다.

>> 정답과 해설 p. 34

3 빈칸에 알맞은 수를 써넣으세요.

(1)

바로 앞의 수   바로 뒤의 수

(2)

사이에 있는 수

- 어떤 수 바로 앞의 수는 어떤 수보다 1만큼 더 작은 수이고 어떤 수 바로 뒤의 수는 어떤 수보다 1만큼 더 큰 수입니다.

4 빈칸에 알맞은 수를 써넣으세요.

5 수를 거꾸로 세어 빈칸에 알맞은 수를 써넣으세요.

| 47 | | | 44 | 43 |

- 47부터 1씩 작아집니다.

6 혁준이의 사물함 번호는 21번과 23번 사이에 있는 번호입니다. 혁준이의 사물함 번호는 몇 번인가요?

 꼭! 단위까지 따라 쓰세요.

(번   )

- 21부터 23까지의 수를 순서대로 써 봅니다.

5

50까지의 수

개념 8 \ 수의 크기 비교하기

1 10개씩 묶음의 수가 다른 경우 두 수의 크기 비교하기

10개씩 묶음의 수가 클수록 큰 수입니다.

예 → ⌈ 28은 32보다 작습니다.
⌊ 32는 28보다 큽니다.

2 10개씩 묶음의 수가 같은 경우 두 수의 크기 비교하기

낱개의 수가 클수록 큰 수입니다.

예   → ⌈ 38은 31보다 큽니다.
⌊ 31은 38보다 작습니다.

개념 플러스

• 10개씩 묶음의 수가 다르면 낱개의 수를 비교해 보지 않아도 됩니다.

---

1 그림을 보고 알맞은 말에 ○표 하세요.

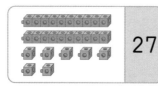

(1) 30은 27보다 10개씩 묶음의 수가 더
(큽니다 , 작습니다).

(2) 30은 27보다 (큽니다 , 작습니다).

• 10개씩 묶음의 수를 비교합니다.

2 그림을 보고 알맞은 말에 ○표 하세요.

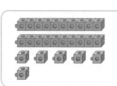

(1) 22는 26보다 낱개의 수가 더 (큽니다 , 작습니다).

(2) 22는 26보다 (큽니다 , 작습니다).

• 10개씩 묶음의 수가 같으면 낱개의 수를 비교합니다.

3 수직선을 보고 두 수 중 더 큰 수에 ○표 하세요.

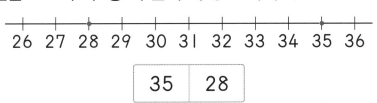

26 27 28 29 30 31 32 33 34 35 36

35	28

• 수직선에서는 오른쪽에 있는 수일수록 더 큽니다.

4 더 작은 수에 △표 하세요.

(1)
41	48

(2)
29	37

• 먼저 10개씩 묶음의 수를 비교합니다.

5 그림을 보고 구슬의 수를 비교하여 □ 안에 알맞은 수를 써넣으세요.

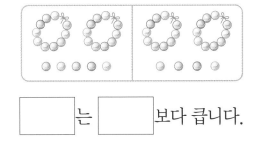

□ 는 □ 보다 큽니다.

• 그림을 보고 10개씩 묶음의 수와 낱개의 수를 각각 구한 다음 크기를 비교합니다.

6 붙임딱지를 더 많이 모은 사람은 누구인가요?

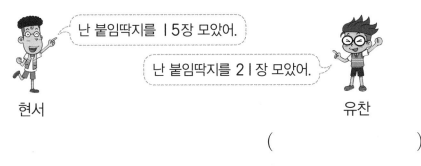

난 붙임딱지를 15장 모았어.

난 붙임딱지를 21장 모았어.

현서   유찬

(   )

157

기본 다지기

📖 개념 확인 | p.150 개념 5

기본 5 \ 10개씩 묶어 세어 보기

1 30이 되도록 △를 그려 보세요.

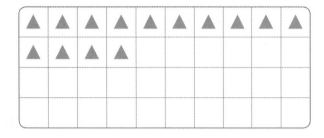

2 관계있는 것끼리 이어 보세요.

20 •   • 사십 •   • 마흔

40 •   • 이십 •   • 스물

3 달걀의 수를 세어 쓰고 두 가지 방법으로 읽어 보세요.

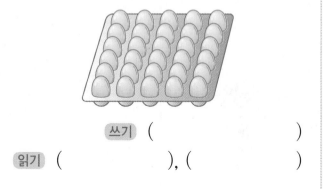

쓰기 (   )

읽기 (   ), (   )

4 보기와 같이 주어진 수를 이용하여 문장을 만들려고 합니다. □ 안에 알맞은 수를 써넣으세요.

┤보기├

50 우산이 10개씩 5묶음 있으면 50개입니다.

30 사과가 10개씩 ☐ 묶음 있으면

☐ 개입니다.

5 10개씩 묶음의 수가 가장 큰 것은 어느 것인가요? ······( )

① 50   ② 40   ③ 30

④ 20   ⑤ 10

 활용문제

6 10개씩 묶음의 수가 큰 수부터 순서대로 쓰세요.

20   50   30

(   )

👨‍🏫 ■0은 10개씩 묶음이 ■개야!

기본 6 | 개념 확인 | p.152 **개념 6**

기본 6 50까지의 수 세어 보기

7 낱개의 수가 <u>다른</u> 하나에 ○표 하세요.

| 14 | 34 | 49 |

( ) ( ) ( )

8 성냥개비의 수를 세어 빈 곳에 알맞은 수를 써넣으세요.

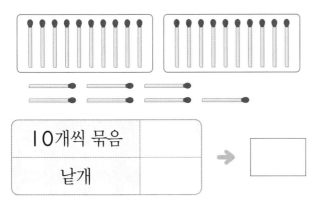

10개씩 묶음	
낱개	

→ [ ]

9 44와 같은 수를 모두 찾아 ○표 하세요.

사십사	서른넷
삼십사	마흔넷

활동문제

10 나타내는 수가 **32**와 <u>다른</u> 것을 찾아 기호를 쓰세요.

㉠ 서른둘
㉡ 10개씩 묶음 2개와 낱개 3개

( )

11 조개의 수를 세어 쓰고 두 가지 방법으로 읽어 보세요.

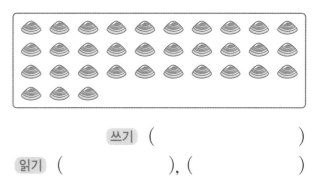

쓰기 ( )

읽기 ( ), ( )

12 수를 <u>잘못</u> 읽은 것은 어느 것인가요?
·· ( )

① 28 — 스물여덟   ② 17 — 십칠
③ 42 — 사십이   ④ 31 — 마흔하나
⑤ 23 — 이십삼

13 배가 서른여덟 개 있습니다. 배를 한 상자에 10개씩 담아 포장하면 몇 상자까지 포장할 수 있고, 몇 개가 남는지 차례로 쓰세요.

( ), ( )

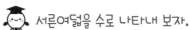 서른여덟을 수로 나타내 보자.

5
50까지의 수

📖 개념 확인 | p.154 개념 7

| 기본 7 \ 50까지의 수의 순서 알아보기 |

14 수를 순서대로 쓰려고 합니다. 빈 곳에 알맞은 수를 써넣으세요.

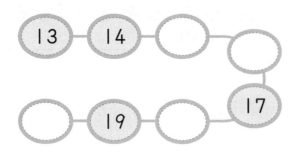

15 빈칸에 알맞은 수를 써넣으세요.

(1)

14		16

사이에 있는 수

(2)

	49	

바로 앞의 수   바로 뒤의 수

16 다음 수를 큰 수부터 순서대로 ♡ 안에 써넣으세요.

| 32　36　34　33　35 |

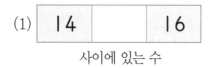
36

17 색칠한 곳에 들어갈 수를 쓰세요.

22	23	24			27
28	29				33
	35	36		38	

(   )

활용문제

18 민용이의 버스 자리는 18번입니다. 민용이의 자리에 ○표 하세요.

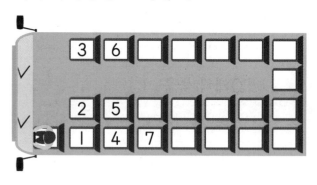

19 화살표 방향으로 순서를 생각하며 빈칸에 알맞은 수를 써넣으세요.

6	7	8	9
	18	19	10
16	←	20	
15		13	12

 화살표 방향대로 빈칸에 수를 써 보자.

개념 확인 | p.156 개념 8

기본 8 \ 수의 크기 비교하기

20 더 큰 수에 ○표 하세요.

31		26
( )		( )

21 더 큰 수에 ○표 하세요.

(1)

마흔셋		서른여덟
( )		( )

(2)

십삼		십구
( )		( )

22 알맞은 말에 ○표 하세요.

(1) 22는 32보다 (큽니다 , 작습니다).

(2) 46은 45보다 (큽니다 , 작습니다).

23 왼쪽에 주어진 수보다 더 큰 수에 색칠해 보세요.

(1)

27	21	29

(2)

35	19	44

24 그림을 보고 □ 안에 알맞은 수를 써넣으세요.

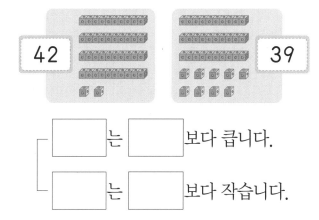

	는		보다 큽니다.
	는		보다 작습니다.

25 건우와 소윤이가 위인전을 읽은 쪽수입니다. 위인전을 더 많이 읽은 사람은 누구인가요?

34쪽 건우

37쪽 소윤

( )

26 다음 중 25보다 큰 수를 모두 고르세요.
.... (   )

① 23   ② 29   ③ 24
④ 21   ⑤ 27

실력+   조건을 만족하는 수

예 **20**보다 크고 **30**보다 작은 수 구하기

➡ **10**개씩 묶음의 수가 **2**입니다.

---

27 가장 큰 수에 ○표 하세요.

24   41   37

---

30 다음을 모두 만족하는 수를 구하세요.

• 40보다 크고 50보다 작은 수입니다.
• 낱개의 수는 6입니다.

(   )

활용문제

28 가장 큰 수와 가장 작은 수를 각각 찾아 쓰세요.

| 47   13   35 |

가장 큰 수 (   )
가장 작은 수 (   )

---

31 다음을 모두 만족하는 수를 구하세요.

• 10보다 크고 20보다 작은 수입니다.
• 낱개의 수는 9입니다.

(   )

---

32 다음을 모두 만족하는 수를 구하세요.

• 30보다 크고 40보다 작은 수입니다.
• 38보다 큰 수입니다.

(   )

---

29 작은 수부터 순서대로 쓰세요.

| 44   48   42 |

(   )

10개씩 묶음의 수가 같으면 낱개의 수를 비교하자!

>> 정답과 해설 p. 35

실력⁺ 수 카드로 수 만들기

📝 5, 2, 3 으로 몇십몇 만들기

┌→ 가장 큰 수
(1) **가장 큰** 몇십몇 ➡ 5 3
      └→ 두 번째로 큰 수

                ┌→ 가장 작은 수
(2) **가장 작은** 몇십몇 ➡ 2 3
                ↓
      두 번째로 작은 수

33 3장의 수 카드 중에서 2장을 뽑아 한 번씩만 사용하여 가장 큰 몇십몇을 만들어 보세요.

4 1 3

(   )

34 3장의 수 카드 중에서 2장을 뽑아 한 번씩만 사용하여 가장 작은 몇십몇을 만들어 보세요.

5 2 4

(   )

실력⁺ ▲에 알맞은 수 구하기

10개씩 묶음의 수가 같은 경우
낱개의 수가 작을수록 작은 수입니다.

📝 1▲은/는 12보다 작습니다.
   ‿10개씩 묶음의 수가 같음.
➡ ▲은/는 2보다 작습니다.

35 0부터 9까지의 수 중에서 ▲에 알맞은 수는 모두 몇 개인지 구하세요.

3▲은/는 33보다 작습니다.

(   )

36 0부터 9까지의 수 중에서 ▲에 알맞은 수는 모두 몇 개인지 구하세요.

4▲은/는 45보다 작습니다.

(   )

37 0부터 9까지의 수 중에서 ▲에 알맞은 수를 모두 쓰세요.

1▲은/는 17보다 큽니다.

(   )

5
50까지의 수

♥ 복습책 p.34에 유사 문제 제공

1 만들 수 있는 모양의 개수 구하기

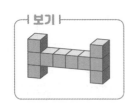으로 |보기|의 모양을 몇 개 만들 수 있나요?

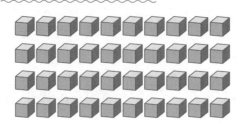

|보기|의 모양 1개를
만드는 데 필요한
의 수를 구하자!

🔑 해결 과정

❶ |보기|의 모양 1개를 만드는 데 필요한 ▢은 몇 개인가요?

(   )

❷ 주어진 ▢은 10개씩 묶음 몇 개인가요?

(   )

❸ ▢으로 |보기|의 모양을 몇 개 만들 수 있나요?

(   )

1-1 ▢으로 |보기|의 모양을 몇 개 만들 수 있나요?

✏️ 해결 과정을 따라 풀자!

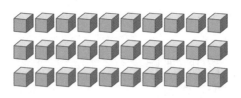

(   )

1-2 ▢으로 |보기|의 모양을 몇 개 만들 수 있나요?

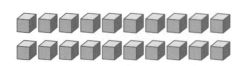

(   )

2 수를 모으기 한 후 가르기

두 접시에 초콜릿이 각각 **3**개, **9**개 담겨 있습니다. 두 접시에 담겨 있는 초콜릿을 민우와 아성이가 똑같이 나누어 가지려고 합니다. 한 사람이 가질 수 있는 초콜릿은 몇 개인지 구하세요.

 먼저 두 접시에 담겨 있는 초콜릿을 모으기 하자.

🔑 해결 과정

❶ 두 접시에 담겨 있는 초콜릿은 모두 몇 개인가요?

( )

❷ ❶에서 구한 초콜릿의 수를 똑같은 두 수로 가르기 하세요.

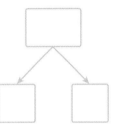

❸ 한 사람이 가질 수 있는 초콜릿은 몇 개인가요?

( )

2-1 두 봉지에 사탕이 각각 **8**개, **6**개 들어 있습니다. 두 봉지에 들어 있는 사탕을 규호와 선우가 똑같이 나누어 가지려고 합니다. 한 사람이 가질 수 있는 사탕은 몇 개인가요?

( )

✎ 해결 과정을 따라 풀자!

2-2 두 주머니에 구슬이 각각 **10**개, **8**개 들어 있습니다. 두 주머니에 들어 있는 구슬을 보라와 윤서가 똑같이 나누어 가지려고 합니다. 한 사람이 가질 수 있는 구슬은 몇 개인가요?

( )

복습책 p.35에 유사 문제 제공

3 수의 크기 비교하기

사과는 42개, 귤은 서른여섯 개, 배는 10개씩 묶음 2개와 낱개 1개가 있습니다. 사과, 귤, 배 중에서 가장 많은 과일을 쓰세요.

> 과일이 몇 개씩인지 수로 나타내 보자.

🔑 해결 과정

❶ 귤과 배는 각각 몇 개인지 수로 나타내 보세요.

귤: (   )개, 배: (   )개

❷ 사과, 귤, 배 중에서 가장 많은 과일을 쓰세요.

(   )

3-1 오이는 22개, 당근은 스물다섯 개, 양파는 10개씩 묶음 2개와 낱개 8개가 있습니다. 오이, 당근, 양파 중에서 가장 많은 채소를 쓰세요.

(   )

✎ 해결 과정을 따라 풀자!

3-2 노란색 색종이는 32보다 1만큼 더 큰 수만큼, 초록색 색종이는 스물아홉 장, 파란색 색종이는 10장씩 묶음 3개와 낱개 4장이 있습니다. 가장 많은 색종이는 어떤 색인가요?

(   )

≫ 정답과 해설 p. 37

4 수의 순서 활용하기

운동장에 학생 50명이 1번부터 50번까지 번호 순서대로 줄을 서 있습니다. 연화는 앞에서부터 33번째에 서 있고, 수미는 앞에서부터 서른일곱 번째에 서 있습니다. 연화와 수미 사이에 서 있는 학생은 모두 몇 명인지 구하세요.

> 몇 번째에 서 있는지 수로 나타내 보자.

🔑 해결 과정

❶ 서른일곱 번째를 수로 나타내 보세요.

(   )번째

❷ 33과 ❶에서 답한 수 사이에 있는 수를 모두 쓰세요.

(   )

❸ 연화와 수미 사이에 서 있는 학생은 모두 몇 명인지 구하세요.

(   )

5
50까지의 수

4-1 복도에 학생 50명이 1번부터 50번까지 번호 순서대로 줄을 서 있습니다. 소영이는 앞에서부터 36번째에 서 있고, 효정이는 앞에서부터 마흔한 번째에 서 있습니다. 소영이와 효정이 사이에 서 있는 학생은 모두 몇 명인지 구하세요.

(   )

> 🖉 해결 과정을 따라 풀자!

4-2 운동장에 학생 50명이 1번부터 50번까지 번호 순서대로 줄을 서 있습니다. 홍주는 앞에서부터 44번째에 서 있고, 민선이는 뒤에서부터 세 번째에 서 있습니다. 홍주와 민선이 사이에 서 있는 학생은 모두 몇 명인지 구하세요.

(   )

서술형 수능 대비

창의력

1 보기와 같이 수를 거꾸로 이어 토끼가 당근을 찾아가려고 합니다. 토끼가 지나가는 길을 그리고, 지나가는 칸은 모두 몇 칸인지 쓰세요.

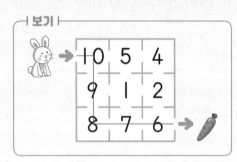

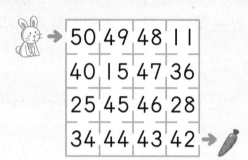

풀이

답

융합형

2 ㉠, ㉡, ㉢이 나타내는 수 중에서 가장 작은 수를 찾아 기호를 쓰세요.

 가장 긴 나뭇가지에 배꽃이 <u>스물세</u> 송이 피었다.
㉠

 오늘은 배를 <u>29개보다 1개 더 많이</u> 땄다.
㉡

 반 친구들과 배 <u>10개씩 묶음 2개</u>를 나눠 먹었다.
㉢

풀이

답

쓸 줄 알아야 진짜 실력~!

3 화살표의 |규칙|에 맞게 ㉠에 알맞은 수를 구하세요.

풀이

답

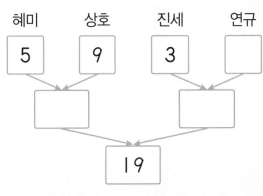

4 혜미, 상호, 진세, 연규가 가지고 있는 구슬을 오른쪽과 같이 모두 모았더니 19개가 되었습니다. 구슬을 혜미는 5개, 상호는 9개, 진세는 3개 가지고 있었다면 연규가 가지고 있던 구슬은 몇 개인가요?

풀이

답

169

단원 기본 평가

1 그림을 보고 □ 안에 알맞은 수를 써넣으세요.

9보다 1만큼 더 큰 수는 □ 입니다.

2 그림을 보고 모으기 하세요.

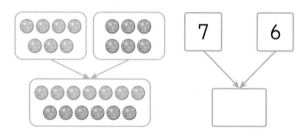

3 수로 나타내 보세요.

마흔여덟 → ( )

4 10개씩 묶어 보고, □ 안에 알맞은 수를 써넣으세요.

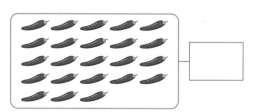

5 수를 순서대로 쓰려고 합니다. 빈칸에 알맞은 수를 써넣으세요.

19 □ □ 22

6 수를 순서대로 이어 그림을 완성해 보세요.

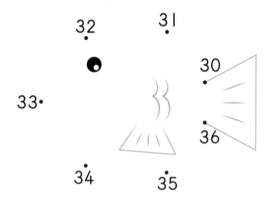

7 밑줄 친 10을 어떻게 읽어야 하는지 알맞은 말에 ○표 하세요.

은조는 윗몸일으키기를 10번 했습니다.

(십 , 열)

8 더 작은 수에 △표 하세요.

(1) 28 13   (2) 47 44

170

9 사용한 블록의 수를 □ 안에 써넣으세요.

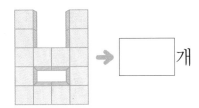 → □ 개

10 수를 세어 □ 안에 수로 써넣고 두 가지 방법으로 읽어 보세요.

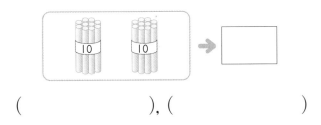 → □

(   ), (   )

11 그림을 보고 □ 안에 알맞은 수를 써넣으세요.

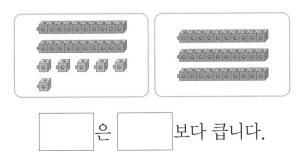

□ 은 □ 보다 큽니다.

12 딸기의 수를 세어 더 많은 쪽에 색칠해 보세요.

13 빈칸에 알맞은 수를 써넣으세요.

수	10개씩 묶음
20	2
40	
30	

14 호빵이 10개씩 3상자와 낱개 1개가 있습니다. 호빵은 모두 몇 개인가요?

(   )

15 아래의 수를 큰 수부터 순서대로 빈 곳에 써넣으세요.

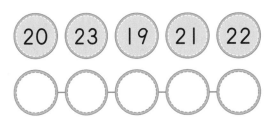

16 15를 두 가지 방법으로 가르기 하세요.

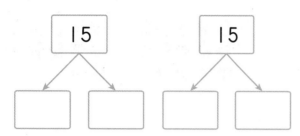

17 빨간 장미는 10송이씩 묶음 4개, 노란 장미는 10송이씩 묶음 1개가 있습니다. 장미는 모두 몇 송이인가요?

(   )

18 ㉠, ㉡에 알맞은 수를 각각 구하세요.

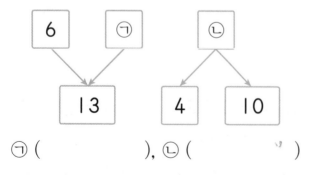

㉠ (   ), ㉡ (   )

19 나타내는 수가 10이 아닌 것을 찾아 기호를 쓰려고 합니다. 풀이 과정을 쓰고 답을 구하세요.

> ㉠ 7보다 3만큼 더 큰 수
> ㉡ 4와 6을 모으기 한 수
> ㉢ 10개씩 묶음 1개와 낱개 1개

풀이

답 _____

20 파란색 단추는 18개, 노란색 단추는 열아홉 개, 검은색 단추는 10개씩 묶음 1개와 낱개 5개가 있습니다. 가장 많은 단추는 어떤 색인지 풀이 과정을 쓰고 답을 구하세요.

풀이

답 _____

단원 실력 평가

점수

점

💜 복습책 p.38~41에 실력 평가 추가 제공

1 가르기 하여 빈칸에 알맞은 수를 써넣으세요.

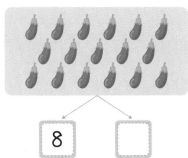

8 ☐

2 10을 바르게 읽은 사람은 누구인지 이름을 쓰세요.

난 아파트 열(10) 층에 살아.

우리 언니는 열(10) 살이야.

서준   서아

(   )

3 빈칸에 알맞은 수를 써넣으세요.

(1)

10개씩 묶음	낱개
3	7

➡ ☐

(2)

10개씩 묶음	낱개
	5

➡ 45

4 모으기 하여 연필의 수가 14가 되도록 이어 보세요.

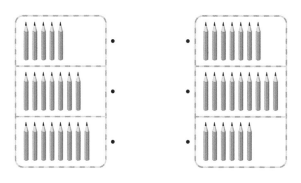

5 ☐ 안에 알맞은 수를 써넣으세요.

10개씩 묶음 ☐ 개와 낱개 ☐ 개는 18입니다.

6 다음이 나타내는 수를 모두 찾아 기호를 쓰세요.

10개씩 묶음이 4개인 수

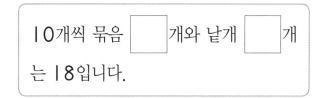

㉠ 40   ㉡ 마흔
㉢ 삼십   ㉣ 스물

(   )

7 대추가 19개, 밤이 23개 있습니다. 대추와 밤 중에서 더 적은 것은 무엇인가요?

(   )

8 13칸을 두 가지 색으로 색칠하고 가르기 하세요.

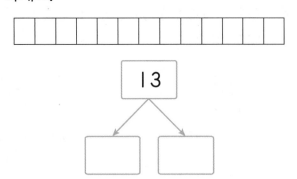

9 10에 대해 잘못 설명한 사람의 이름을 쓰세요.

> 우주: 8보다 2만큼 더 큰 수야.
> 찬영: 9보다 1만큼 더 작은 수야.

(   )

10 수를 바르게 읽은 것에 ○표 하세요.

(1) 15 — 십오   오십

(2) 34 — 삼십넷   서른넷

11 모으기 하여 10이 되는 두 수를 이어 보세요.

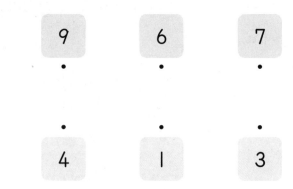

12 물병을 한 상자에 10개씩 담으려고 합니다. 물병 25개는 몇 상자가 되고, 몇 개가 남는지 차례로 쓰세요.

(   ), (   )

13 10을 여러 가지 방법으로 가르기 하세요.

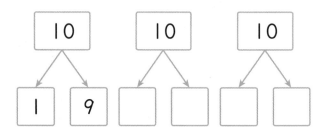

14 ㉠에 알맞은 수를 구하세요.

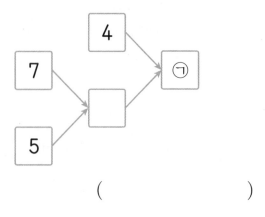

(   )

≫ 정답과 해설 p. 40

15 큰 수부터 순서대로 쓰세요.

| 30 | 10 | 40 |

(   )

16 화살표 방향으로 순서를 생각하며 빈칸에 알맞은 수를 써넣으세요.

20	21	22	23
29	28	27		25
	31		33	34
39		37	36	35

17 밑줄 친 17을 읽는 방법이 나머지와 다른 하나를 찾아 기호를 쓰세요.

> ㉠ 명주의 달리기 기록은 17초입니다.
> ㉡ 첫째 형은 17살입니다.
> ㉢ 찬구는 앞에서부터 17번째에 줄을 섰습니다.

(   )

18 두 상자에 각각 사과가 5개, 7개 들어 있습니다. 두 상자에 들어 있는 사과를 선규와 진철이가 똑같이 나누어 가지려고 합니다. 한 사람이 가질 수 있는 사과는 몇 개인가요?

(   )

19 으로 |보기|의 모양을 몇 개 만들 수 있는지 풀이 과정을 쓰고 답을 구하세요.

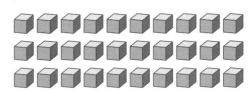

풀이

답 _____

20 운동장에 학생 50명이 1번부터 50번까지 번호 순서대로 줄을 서 있습니다. 문호는 앞에서부터 40번째에 서 있고, 동주는 앞에서부터 마흔네 번째에 서 있습니다. 문호와 동주 사이에 서 있는 학생은 모두 몇 명인지 풀이 과정을 쓰고 답을 구하세요.

풀이

답 _____

MEMO

친절한 말은 아주 짧기 때문에
말하기가 쉽다.

하지만 그 말의 메아리는 무궁무진하게
울려 퍼지는 법이다.

Kind words can be short and easy to speak,
but their echoes are truly endless.

테레사 수녀

친절한 말, 따뜻한 말 한마디는 누군가에게 커다란 힘이 될 수도 있어요.
나쁜 말 대신 좋은 말을 하게 되면 언젠가 나에게 보답으로 돌아온답니다.
앞으로 나쁘고 거친 말 대신 좋고 예쁜 말만 쓰기로 우리 약속해요!

#차원이_다른_클라쓰
#강의전문교재
#초등교재

수학교재

●수학리더 시리즈
- 수학리더 [연산]　　　　　　　　　　예비초~6학년/A·B단계
- 수학리더 [개념]　　　　　　　　　　1~6학년/학기별
- 수학리더 [기본]　　　　　　　　　　1~6학년/학기별
- 수학리더 [유형]　　　　　　　　　　1~6학년/학기별
- 수학리더 [기본+응용]　　　　　　　1~6학년/학기별
- 수학리더 [응용·심화]　　　　　　　1~6학년/학기별
- (신간) 수학리더 [최상위]　　　　　　3~6학년/학기별

●독해가 힘이다 시리즈 *문제해결력
- 수학도 독해가 힘이다　　　　　　　1~6학년/학기별
- (신간) 초등 문해력 독해가 힘이다 문장제 수학편　1~6학년/단계별

●수학의 힘 시리즈
- (신간) 수학의 힘　　　　　　　　　　1~2학년/학기별
- 수학의 힘 알파[실력]　　　　　　　3~6학년/학기별
- 수학의 힘 베타[유형]　　　　　　　3~6학년/학기별

●Go! 매쓰 시리즈
- Go! 매쓰(Start) *교과서 개념　　　1~6학년/학기별
- Go! 매쓰(Run A/B/C) *교과서+사고력　1~6학년/학기별
- Go! 매쓰(Jump) *유형 사고력　　　1~6학년/학기별

●계산박사　　　　　　　　　　　　1~12단계

월간교재

●NEW 해법수학　　　　　　　　　　1~6학년
●해법수학 단원평가 마스터　　　　1~6학년 / 학기별
●월간 무등생평가　　　　　　　　　1~6학년

전과목교재

●리더 시리즈
- 국어　　　　　　　　　　　　　　　1~6학년/학기별
- 사회　　　　　　　　　　　　　　　3~6학년/학기별
- 과학　　　　　　　　　　　　　　　3~6학년/학기별

수학리더 기본+응용

복습책

BOOK2
1-1

리더가 되기 위한
공부 비법

응용력 강화 문제
진도책 응용력 올리기
반복학습

실력 평가
단원별 실력 체크

성취도 평가
전 단원 총정리

천재교육

복습책
포인트 3가지

▶ 진도책 STEP3 응용력 올리기 유형 반복 학습

▶ 응용력 강화 문제를 풀어 보며 응용력 기르기

▶ 실력 평가와 성취도 평가를 풀면서 실력 체크

수학 리더 기본+응용 1-1

BOOK **2**

1단원 응용력 강화 문제

≫ 몇째와 몇째 사이에 있는 것 구하기

진도책 p.26의 유사 문제

1 참새 9마리가 나뭇가지에 한 줄로 앉아 있습니다. 셋째와 일곱째 사이에 있는 참새는 모두 몇 마리인가요?

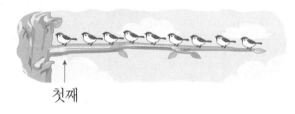

↑
첫째

〔풀이〕

〔답〕 _____

2 영화관 매표소에 8명이 한 줄로 서 있습니다. 둘째와 여덟째 사이에 서 있는 사람은 모두 몇 명인가요?

〔풀이〕

〔답〕 _____

≫ 기준에 따라 달라지는 순서 구하기

진도책 p.27의 유사 문제

3 학생 9명이 한 줄로 서 있습니다. 윤지는 앞에서 넷째에 서 있습니다. 윤지는 뒤에서 몇째에 서 있나요?

〔풀이〕

〔답〕 _____

4 버스 정류장에 8명이 한 줄로 서 있습니다. 하린이는 앞에서 여섯째에 서 있습니다. 하린이는 뒤에서 몇째에 서 있나요?

〔풀이〕

〔답〕 _____

>> 늘어놓은 수의 크기 비교하기

진도책 p.28의 유사 문제

5 수 카드에 쓰인 수 중에서 가장 큰 수는 왼쪽에서 몇째에 있나요?

| 3 | 7 | 2 | 5 | 8 |

[풀이]

[답] _____

6 수 카드에 쓰인 수 중에서 가장 큰 수는 오른쪽에서 몇째에 있나요?

| 6 | 1 | 0 | 7 | 4 |

[풀이]

[답] _____

>> 설명하는 수 구하기

진도책 p.29의 유사 문제

7 1부터 9까지의 수 중에서 ㉠과 ㉡을 만족하는 수를 모두 구하세요.

> ㉠ 3보다 큰 수입니다.
> ㉡ 6보다 작은 수입니다.

[풀이]

[답] _____

8 1부터 9까지의 수 중에서 ㉠과 ㉡을 만족하는 수를 모두 구하세요.

> ㉠ 2와 7 사이에 있는 수입니다.
> ㉡ 5보다 작은 수입니다.

[풀이]

[답] _____

9까지의 수

1

9 빨간색 크레파스와 파란색 크레파스 중에서 더 많은 색 크레파스의 수를 쓰세요.

(   )

10 나타내는 수가 가장 작은 것을 찾아 기호를 쓰세요.

㉠ 셋	㉡ 이
㉢ 6	㉣ 다섯

(   )

11 7보다 작은 수는 모두 몇 개인가요?

3	8	2	9	6

(   )

12 현서가 생각한 수를 구하세요.

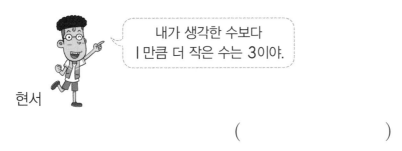

현서

내가 생각한 수보다
1만큼 더 작은 수는 3이야.

(   )

13 책장에 동화책과 위인전이 꽂혀 있습니다. 동화책의 수는 7보다 1만큼 더 큰 수이고, 위인전의 수는 동화책의 수보다 1만큼 더 큰 수입니다. 위인전은 모두 몇 권인가요?

(   )

14 수 카드에 쓰인 수들을 작은 수부터 왼쪽에서 차례로 늘어놓을 때 왼쪽에서 셋째에 있는 수는 무엇인가요?

| 9 | 5 | 7 | 2 | 1 | 8 |

(   )

1
9까지의 수

5

[1~2] 수를 세어 쓰세요.

1

(   )

2
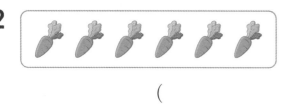

(   )

3 수만큼 색칠해 보세요.

딸기 4개

4 수를 두 가지 방법으로 읽어 보세요.

3

(,   )

5 □ 안에 알맞은 수를 써넣으세요.

6보다 1만큼 더 큰 수는 □ 입니다.

6 관계있는 것끼리 이어 보세요.

6	7	8	9
·	·	·	·
·	·	·	·
여섯	여덟	아홉	일곱

7 순서에 맞게 수를 써넣으세요.

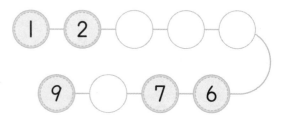

8 다람쥐의 수를 세어 □ 안에 알맞은 수를 써넣으세요.

 2   □   □

9 왼쪽에서 둘째에 있는 풍선은 오른쪽에서 몇째에 있나요?

( )

10 햄버거의 수보다 1만큼 더 작은 수를 쓰세요.

( )

11 수를 잘못 읽은 것의 기호를 쓰세요.

> ㉠ 우리 모둠은 육 명입니다.
> ㉡ 선아의 번호는 구 번입니다.

( )

12 수의 크기를 잘못 비교한 사람은 누구인가요?

지안 7은 4보다 큽니다.

건우 8은 9보다 큽니다.

( )

13 6보다 작은 수를 모두 찾아 쓰세요.

| 7 | 8 | 0 | 2 | 5 | 6 |

( )

14 장미가 5송이, 카네이션이 8송이 있습니다. 장미와 카네이션 중 더 많이 있는 꽃은 어느 것인가요?

( )

15 수 카드에 쓰인 수 중에서 가장 큰 수는 왼쪽에서 몇째에 있나요?

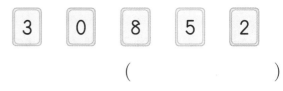

3 0 8 5 2

( )

1

9까지의 수

7

1 그림의 수를 세어 보고 알맞은 것을 찾아 ○표 하세요.

(삼 , 5 , 둘 , 사)

2 왼쪽에서부터 알맞게 색칠해 보세요.

[3~4] 윤서와 친구들이 버스를 타려고 한 줄로 서 있습니다. 물음에 답하세요.

윤서   민하   재석   도윤   하은

3 민하는 앞에서 몇째에 서 있나요?

(   )

4 재석이는 뒤에서 몇째에 서 있나요?

(   )

5 그림을 보고 알맞게 이어 보세요.

위에서 둘째 쌓기나무   ·

아래에서 셋째 쌓기나무   ·

위에서 아홉째 쌓기나무   ·

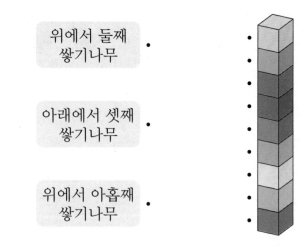

6 1만큼 더 작은 수와 1만큼 더 큰 수를 써 넣으세요.

1만큼 더 작은 수   1만큼 더 큰 수

7 더 큰 수에 ○표 하세요.

| 3 | 4 |

(   )   (   )

8 순서를 거꾸로 하여 수를 써넣으세요.

9 주어진 수만큼 그림을 묶고, 묶지 <u>않은</u> 것의 수를 빈칸에 써넣으세요.

10 밑줄 친 부분을 바르게 읽어 보세요.

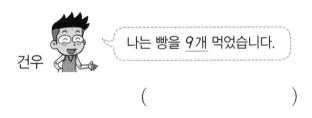

건우 나는 빵을 <u>9</u>개 먹었습니다.

( )

11 나타내는 수가 가장 큰 것을 찾아 기호를 쓰세요.

㉠ 팔   ㉡ 여섯   ㉢ 일곱

( )

12 ㉠은 얼마인지 구하세요.

서아 ㉠보다 Ⅰ만큼 더 큰 수는 8이야.

( )

13 학생 9명이 한 줄로 서 있습니다. 넷째와 아홉째 사이에 서 있는 사람은 모두 몇 명인가요?

( )

14 Ⅰ부터 9까지의 수 중에서 ㉠과 ㉡을 만족하는 수를 구하세요.

㉠ 4와 8 사이에 있는 수입니다.
㉡ 6보다 큰 수입니다.

( )

15 민하의 나이는 9보다 Ⅰ만큼 더 작은 수이고, 지유의 나이는 민하의 나이보다 Ⅰ만큼 더 작은 수입니다. 지유는 몇 살인가요?

( )

≫ 물건을 보고 가장 많은 모양 찾기

◈ 진도책 p.50의 유사 문제

1 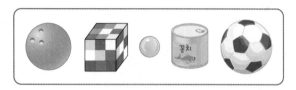 모양의 물건 중에서 가장 많은 모양은 어떤 모양인지 ○표 하세요.

(⬜ , ⬛ , ⬤)

〔풀이〕

2  모양의 물건 중에서 가장 적은 모양은 어떤 모양인지 ○표 하세요.

(⬜ , ⬛ , ⬤)

〔풀이〕

≫ 모양을 만드는 데 모두 이용한 모양 찾기

◈ 진도책 p.51의 유사 문제

3 두 모양을 만드는 데 모두 이용한 모양에 ○표 하세요.

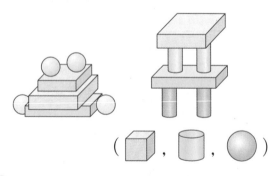

(⬜ , ⬛ , ⬤)

〔풀이〕

4 두 모양을 만드는 데 모두 이용한 모양에 ○표 하세요.

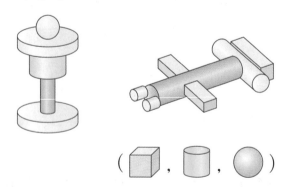

(⬜ , ⬛ , ⬤)

〔풀이〕

≫ 주어진 모양으로 만든 모양 찾기

진도책 p.52의 유사 문제

5 보기의 주어진 모양을 모두 이용하여 만든 것을 찾아 기호를 쓰세요.

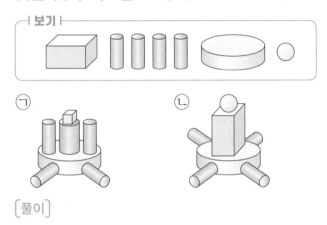

[풀이]

답 _____

6 보기의 주어진 모양을 모두 이용하여 만든 것을 찾아 기호를 쓰세요.

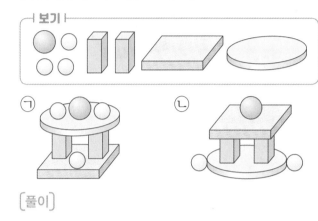

[풀이]

답 _____

≫ 가장 많이 이용한 모양과 가장 적게 이용한 모양 찾기

진도책 p.53의 유사 문제

7 다음 모양을 만드는 데 가장 많이 이용한 모양에 ◯표, 가장 적게 이용한 모양에 △표 하세요.

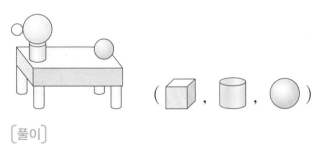

[풀이]

8 다음 모양을 만드는 데 가장 많이 이용한 모양에 ◯표, 가장 적게 이용한 모양에 △표 하세요.

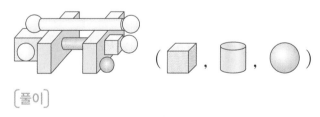

[풀이]

2
여러 가지 모양

9 모든 방향으로 쌓을 수 있고 잘 굴러가지 <u>않는</u> 모양의 물건은 모두 몇 개인가요?

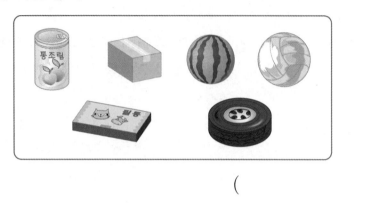

(   )

서술형
10 기차의 바퀴가 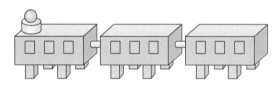 모양이라면 어떤 일이 생길지 쓰세요.

_____

_____

11 모양을 더 많이 이용한 모양을 찾아 기호를 쓰세요.

가   나

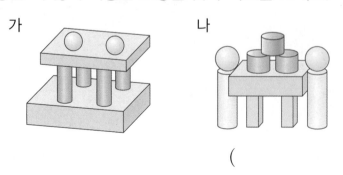

(   )

12 다음 모양을 만드는 데 이용한 ⬤ 모양은 ▢ 모양보다 몇 개 더 많은지 구하세요.

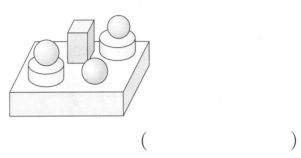

(   )

13 다음과 같은 모양을 2개 만들려고 합니다. ⬭ 모양은 모두 몇 개 필요한가요?

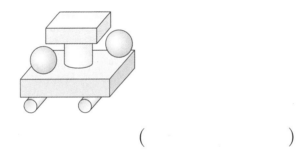

(   )

14 다음과 같은 모양을 만들려고 했더니 ▢ 모양 1개가 모자랐습니다. 처음에 가지고 있던 ▢ 모양은 몇 개인가요?

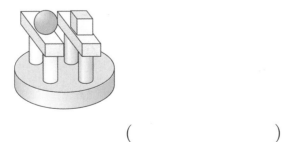

(   )

2 여러 가지 모양

1 🔵 모양에 ○표 하세요.

(   ) (   ) (   )

2 보이는 모양과 같은 모양인 물건을 찾아 이어 보세요.

3 어떤 모양의 물건을 모은 것인지 찾아 ○표 하세요.

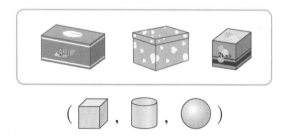

(⬜ , 🔘 , 🔵)

4 다음 모양을 만드는 데 이용하지 <u>않은</u> 모양에 ×표 하세요.

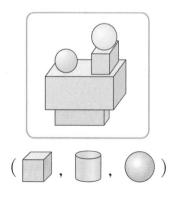

(⬜ , 🔘 , 🔵)

5 ⬜ 모양에 □표, 🔘 모양에 △표, 🔵 모양에 ○표 하세요.

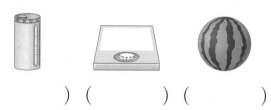

(   ) (   ) (   )

[6~7] 그림을 보고 물음에 답하세요.

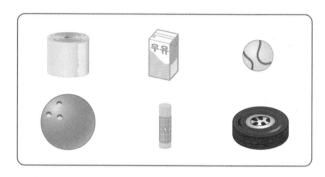

6 🔘 모양은 모두 몇 개인가요?

(   )

7 🔵 모양은 모두 몇 개인가요?

(   )

8 오른쪽 물건을 보고 바르게 설명한 사람의 이름을 쓰세요.

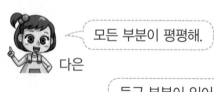
모든 부분이 평평해.
다은

둥근 부분이 있어.
도윤

(   )

14

9 다음 모양은 ⬤ 모양을 몇 개 이용하여 만든 것인가요?

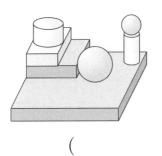

(   )

10 상자 속에 들어 있는 물건을 만져 보니 둥근 부분과 평평한 부분이 있었습니다. 어떤 모양인지 ◯표 하세요.

11 손으로 밀었을 때 모든 방향으로 잘 굴러가는 모양은 모두 몇 개인가요?

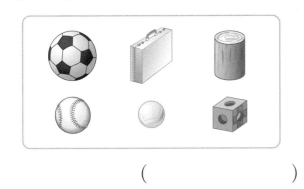

(   )

12 오른쪽 모양을 만드는 데 ⬛, 🔵, ⬤ 모양은 각각 몇 개 필요한가요?

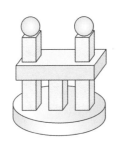

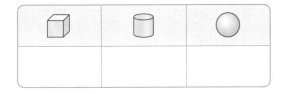

13 두 모양을 만드는 데 모두 이용한 모양에 ◯표 하세요.

가   나

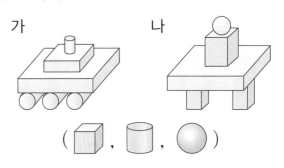

(⬛ , 🔵 , ⬤)

14 오른쪽 모양을 만드는 데 왼쪽 보이는 모양과 같은 모양을 몇 개 이용했는지 쓰세요.

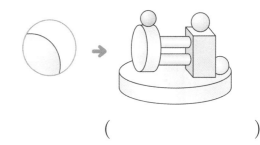

(   )

15 다음은 ⬛, 🔵, ⬤ 모양 중에서 어떤 모양에 대한 설명인지 ◯표 하세요.

• 둥근 부분이 있습니다.
• 한쪽 방향으로만 잘 굴러갑니다.

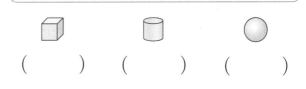

(   )   (   )   (   )

1 보이는 일부분을 보고 알맞은 모양을 찾아 기호를 쓰세요.

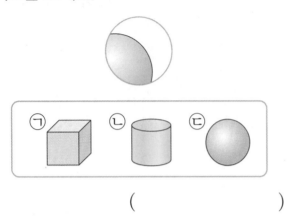

(   )

2 같은 모양끼리 이어 보세요.

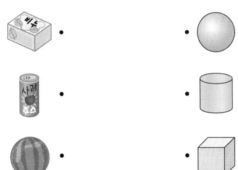

[3~4] 모은 물건들은 어떤 모양인지 |보기|에서 찾아 기호를 쓰세요.

3

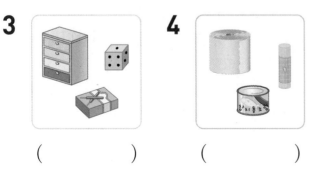

(   )   (   )

5 다음 모양을 만드는 데 ⬜ 모양을 몇 개 이용했는지 쓰세요.

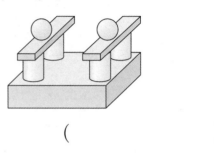

(   )

6 평평한 부분이 <u>없는</u> 모양의 물건을 찾아 기호를 쓰세요.

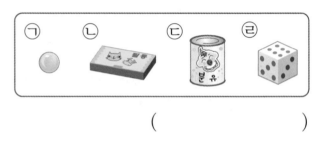

(   )

7 🔵 모양이 <u>아닌</u> 것은 어느 것인가요?
.... (   )

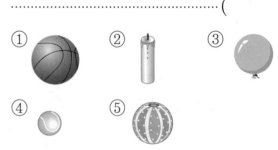

8 우리 주변에서 ⬛ 모양인 물건을 1개 찾아 쓰세요.

(   )

9 평평한 부분이 있어서 한쪽 방향으로만 잘 굴러가는 모양을 찾아 기호를 쓰세요.

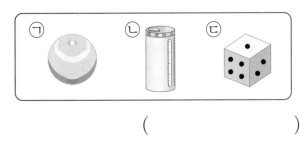

(   )

10 다음 모양을 만드는 데 가장 적게 이용한 모양에 ◯표 하세요.

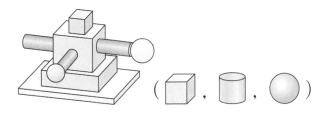

11 같은 모양끼리 모았을 때 개수가 3개인 모양을 찾아 ◯표 하세요.

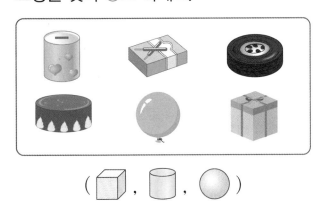

12 다음 모양을 만드는 데 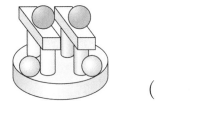 모양은 ◯ 모양보다 몇 개 더 많이 필요한가요?

(   )

13 오른쪽 보이는 모양을 보고 바르게 설명한 것을 모두 고르세요. ······················ (   )

① 쌓을 수 없습니다.
② 모든 부분이 둥급니다.
③ 뾰족한 부분이 있습니다.
④ 평평한 부분이 있습니다.
⑤ 눕혀서 굴리면 잘 굴러갑니다.

14 왼쪽 모양을 모두 사용하여 만든 모양을 찾아 이어 보세요.

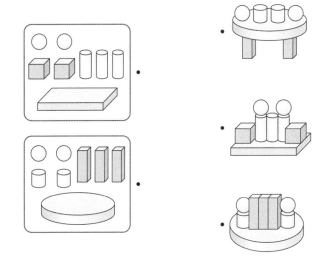

15 다음 모양을 만들었더니  모양 2개가 남았습니다. 처음에 가지고 있던  모양은 몇 개인가요?

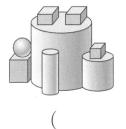

(   )

2
여러 가지 모양

17

≫ 실생활에서 수를 가르기

❤️ 진도책 p.92의 유사 문제

1 현서와 건우가 구슬 6개를 나누어 가지려고 합니다. 나누어 가지는 방법은 모두 몇 가지인가요? (단, 현서와 건우는 구슬을 적어도 한 개씩은 가집니다.)

[풀이]

[답] _____

2 소민이와 미주가 사탕 8개를 나누어 가지려고 합니다. 소민이가 미주보다 사탕을 더 많이 가질 수 있는 방법은 모두 몇 가지인가요? (단, 소민이와 미주는 사탕을 적어도 한 개씩은 가집니다.)

[풀이]

[답] _____

≫ 모두 몇 개인지 구하기

❤️ 진도책 p.93의 유사 문제

3 재석이는 지우개 4개를 가지고 있고, 종국이는 재석이보다 1개 더 적게 가지고 있습니다. 재석이와 종국이가 가지고 있는 지우개는 모두 몇 개인가요?

[풀이]

[답] _____

4 서현이는 파란색 물감 2개, 빨간색 물감 3개를 가지고 있습니다. 승연이는 초록색 물감 2개, 보라색 물감 1개를 가지고 있습니다. 서현이와 승연이가 가지고 있는 물감은 모두 몇 개인가요?

[풀이]

[답] _____

≫ 차가 가장 큰 뺄셈식 만들기

진도책 p.94의 유사 문제

5 수 카드 중에서 2장을 골라 차가 가장 큰
뺄셈식을 만들어 계산 결과를 구하세요.

8 l 6 3 9

[풀이]

[답] _____

6 수 카드 중에서 2장을 골라 차가 가장 큰
뺄셈식을 만들어 보세요.

2 8 7 5 4

[풀이]

[식] _____

≫ ★에 알맞은 수 구하기

진도책 p.95의 유사 문제

7 ◆가 2일 때 ★에 알맞은 수를 구하세요.
(단, 같은 모양은 같은 수를 나타냅니다.)

$$◆+◆=▲, ★-▲=◆$$

[풀이]

[답] _____

8 같은 모양은 같은 수를 나타냅니다. ★에
알맞은 수를 구하세요.

$$l+●=8, ●-★=4$$

[풀이]

[답] _____

9 재현이는 사과 1개, 귤 5개를 먹었고, 민재는 사과 2개, 귤 2개를 먹었습니다. 재현이와 민재 중 과일을 누가 더 많이 먹었나요?

(   )

10 어떤 수에서 3을 빼야 할 것을 잘못하여 더했더니 8이 되었습니다. 바르게 계산하면 얼마인지 구하세요.

(   )

11 각각 같은 줄에 있는 세 수를 모아 7이 되도록 빈 곳에 알맞은 수를 써넣으세요.

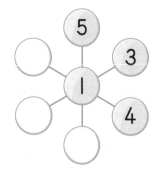

12 □ 안에는 모두 같은 수가 들어갑니다. □ 안에 들어갈 수를 구하세요.

$$\Box+1=4,\ 3+\Box=6,\ 7-\Box=4$$

(   )

13 사탕이 가 접시에 **7**개, 나 접시에 **3**개 놓여 있습니다. 두 접시에 놓인 사탕의 개수가 같아지려면 가 접시에서 나 접시로 사탕을 몇 개 옮겨야 하나요?

가   나

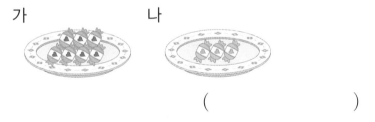

(   )

14 놀이터에 **9**명의 어린이들이 놀고 있습니다. 그중 여자 어린이 **3**명이 집으로 돌아가서 놀이터에 남은 남자 어린이와 여자 어린이의 수가 같아졌습니다. 놀이터에 남은 남자 어린이는 몇 명인가요?

(   )

3 덧셈과 뺄셈

1 모으기와 가르기를 해 보세요.

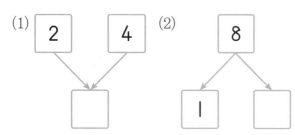

(1) 2 4 → □

(2) 8 → 1 □

2 그림을 보고 덧셈을 해 보세요.

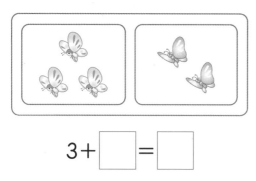

3 + □ = □

3 덧셈과 뺄셈을 해 보세요.

(1) 7 + 2 = □   (2) 5 − 0 = □

(3) 4 − 4 = □   (4) 6 − 1 = □

4 어떤 수를 다음 두 수로 가르기 했습니다. 어떤 수를 가르기 했나요?

| 1, 3 | 2, 2 | 3, 1 |

(   )

5 빈 곳에 알맞은 수를 써넣으세요.

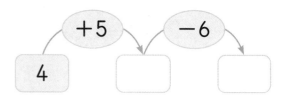

4 +5→ □ −6→ □

6 □ 안에 들어갈 수가 나머지와 다른 것은 어느 것인가요? ·························· (   )

① 2 + 3 = □   ② 1 + 4 = □

③ 4 + 2 = □   ④ 5 + 0 = □

⑤ 3 + 2 = □

7 그림을 보고 뺄셈식을 쓰고 읽어 보세요.

쓰기 _____

읽기 _____

8 ㉠과 ㉡을 모으기 하면 얼마인지 구하세요.

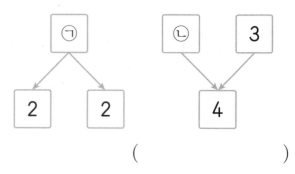

㉠ → 2 2

㉡ 3 → 4

(   )

22

9 모으기 하여 9가 되는 두 수를 찾아 ○표 하세요.

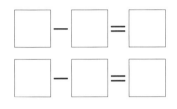

| 3 | 2 | 5 | 8 | 4 |

10 차가 6이 되는 뺄셈식을 2개 만들어 보세요.

□ − □ = □

□ − □ = □

11 귤 8개를 두 개의 바구니에 똑같이 나누어 담으려고 합니다. 한 바구니에 귤을 몇 개씩 담으면 되는지 구하세요.

(   )

12 놀이터에 어른 5명, 어린이 2명이 있습니다. 어른은 어린이보다 몇 명 더 많나요?

식 _____

답 _____

13 □ 안에 ＋와 － 중 알맞은 것을 써넣으세요.

(1) 5 □ 1 = 4

(2) 2 □ 7 = 9

14 다음 3장의 수 카드를 한 번씩 모두 사용하여 덧셈식과 뺄셈식을 만들어 보세요.

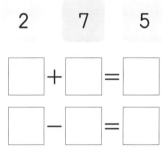

2   7   5

□ ＋ □ = □

□ − □ = □

15 서영이가 가지고 있던 구슬 중에서 2개를 동생에게 주고 3개를 친구에게 받았더니 6개가 되었습니다. 서영이가 처음에 가지고 있던 구슬은 몇 개인가요?

(   )

3 덧셈과 뺄셈

23

1 덧셈과 뺄셈을 해 보세요.

(1) $1+3=$ ☐ (2) $8-6=$ ☐

2 가르기를 잘못 한 것에 ×표 하세요.

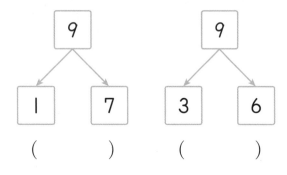

(   )   (   )

3 계산 결과를 찾아 이어 보세요.

$5+2$ ·

$9-1$ ·

· 6

· 7

· 8

4 가르기를 한 다음 뺄셈을 해 보세요.

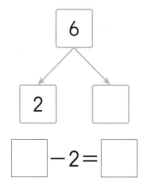

☐ $-2=$ ☐

5 ☐ 안에 알맞은 수를 써넣으세요.

(1) $7+$ ☐ $=7$

(2) $4-$ ☐ $=0$

6 각각의 주머니에 공이 2개씩 들어 있습니다. 공에 쓰여 있는 두 수를 모으기 한 수가 다른 주머니를 찾아 기호를 쓰세요.

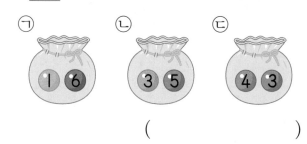

(   )

7 ☐ 안에 ＋가 들어가야 하는 식을 찾아 기호를 쓰세요.

㉠ 3 ☐ $6=9$ ㉡ 8 ☐ $4=4$

㉢ 6 ☐ $1=5$ ㉣ 7 ☐ $2=5$

(   )

8 ☐ 안에 들어갈 수가 더 큰 식의 기호를 쓰세요.

㉠ ☐ $+0=6$ ㉡ $8-$ ☐ $=0$

(   )

9 수 카드 중에서 2장을 골라 합이 가장 큰 덧셈식을 만들어 보세요.

| I | 2 | 5 | 4 |

식 _____

10 계산 결과가 큰 것부터 차례대로 기호를 쓰세요.

㉠ 2+6   ㉡ 9−4   ㉢ 0+7

(_____)

11 재희는 5살이고 언니는 재희보다 2살 더 많습니다. 언니는 몇 살인가요?

식 _____

답 _____

12 ★과 ♥에 알맞은 수의 차를 구하세요.

2+★=8   7−♥=7

(_____)

13 칭찬 붙임딱지를 태민이는 7장 모았고 정우는 4장 모았습니다. 칭찬 붙임딱지를 누가 몇 장 더 많이 모았나요?

(_____), (_____)

14 초콜릿을 경민이는 5개, 현지는 6개 가지고 있었는데 현지가 초콜릿 3개를 먹었습니다. 경민이와 현지가 지금 가지고 있는 초콜릿은 모두 몇 개인가요?

(_____)

15 색종이 7장을 형과 동생이 나누어 가졌습니다. 형이 동생보다 3장을 더 많이 가졌다면 형은 색종이를 몇 장 가졌나요?

(_____)

3 덧셈과 뺄셈

기준이 다를 때 길이 비교하기
💕 진도책 p.115의 유사 문제

1 가장 긴 것은 어느 것인가요?

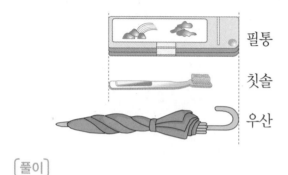

필통
칫솔
우산

〔풀이〕

답 _____

2 가장 긴 것은 어느 것인가요?

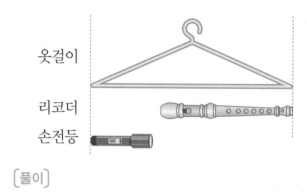

옷걸이
리코더
손전등

〔풀이〕

답 _____

물을 더 빨리 받을 수 있는 것 찾기
💕 진도책 p.123의 유사 문제

3 수도에서 나오는 물의 양이 같습니다. 물통에 물을 가득 받으려고 할 때 물을 더 빨리 받을 수 있는 것을 찾아 기호를 쓰세요.

  ㉠ ㉡

〔풀이〕

답 _____

4 수도에서 나오는 물의 양이 같습니다. 물통에 물을 가득 받으려고 할 때 물을 더 빨리 받을 수 있는 것을 찾아 기호를 쓰세요.

㉠ ㉡

〔풀이〕

답 _____

≫ 칸 수 세어 길이 비교하기

❤진도책 p.124의 유사 문제

5 작은 한 칸의 길이는 모두 같습니다. 길이가 가장 긴 것을 찾아 기호를 쓰세요.

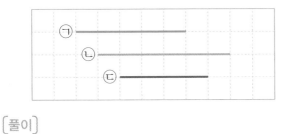

［풀이］

답 _____

6 작은 한 칸의 길이는 모두 같습니다. 길이가 가장 긴 것을 찾아 기호를 쓰세요.

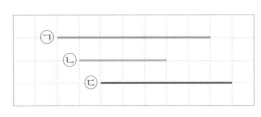

［풀이］

답 _____

≫ 설명을 읽고 가장 높은 것 찾기

❤진도책 p.125의 유사 문제

7 우체국은 병원보다 더 낮고, 병원은 학교보다 더 낮습니다. 우체국, 병원, 학교 중에서 가장 높은 것은 무엇인가요?

［풀이］

답 _____

8 의자는 책장보다 더 낮고, 책장은 옷장보다 더 낮습니다. 의자, 책장, 옷장 중에서 가장 높은 것은 무엇인가요?

［풀이］

답 _____

9 세영이와 주현이가 컵에 물을 가득 따라 마시고 남은 것입니다. 물을 더 많이 마신 사람은 누구인가요?

세영   주현

(   )

10 호두, 대추, 딸기 중에서 가장 가벼운 것은 무엇인가요?

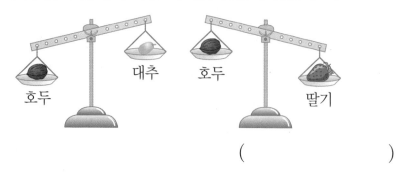

호두   대추   호두   딸기

(   )

11 그릇 가에 물을 가득 담아 비어 있는 그릇 나에 모두 부었더니 다음과 같았습니다. 담을 수 있는 양이 더 많은 그릇은 어느 것인가요?

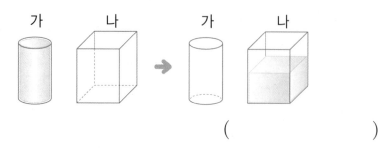

가   나   가   나

(   )

12 |보기|보다 더 넓은 것의 기호를 쓰세요.

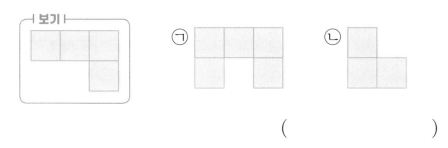

(   )

13 비어 있는 물통과 주전자에 똑같은 컵으로 물을 가득 담아 다음과 같이 부었더니 물통과 주전자가 가득 찼습니다. 담을 수 있는 양이 더 많은 그릇은 어느 것인가요?

그릇	물통	주전자
부은 횟수(번)	7	9

(   )

14 유리, 남주, 현하, 진아는 키가 큰 사람부터 한 줄로 서려고 합니다. 유리는 몇째에 서게 되는지 쓰세요.

(   )

4
비교하기

[1~2] 알맞은 말에 ○표 하세요.

1

광수   지희

광수는 지희보다 키가 더
(큽니다 , 작습니다).

2

스케치북은 색종이보다 더
(넓습니다 , 좁습니다).

3 더 높은 것에 ○표 하세요.

(   )   (   )

4 담을 수 있는 양이 더 많은 것의 기호를 쓰세요.

(   )

5 관계있는 것끼리 이어 보세요.

·   ·

·   ·

더 길다   더 짧다

6 더 넓은 것에 색칠해 보세요.

7 그림을 보고 □ 안에 알맞은 말을 써넣으세요.

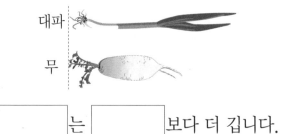

대파

무

[   ] 는 [   ] 보다 더 깁니다.

8 더 무거운 물건을 올려놓은 상자에 ○표 하세요.

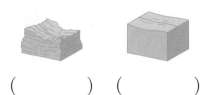

(   )   (   )

30

정답과 해설 p. 50

9 가장 높은 것에 ○표 하세요.

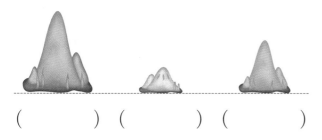

(   ) (   ) (   )

10 관계있는 것끼리 이어 보세요.

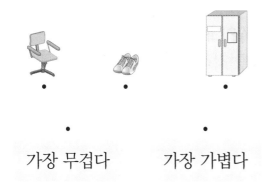

가장 무겁다   가장 가볍다

11 넓은 것부터 차례로 기호를 쓰세요.

(   )

12 풀보다 더 짧은 물건의 이름을 쓰세요.

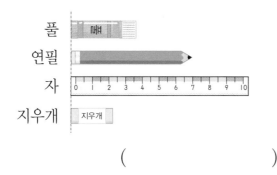

(   )

13 그릇 가에 물을 가득 담아 비어 있는 그릇 나에 부었더니 다음과 같았습니다. 담을 수 있는 양이 더 많은 그릇은 어느 것인가요?

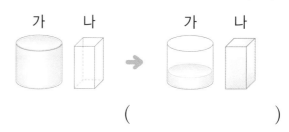

(   )

14 한나, 예리, 명규는 시소를 타고 있습니다. 가장 무거운 사람은 누구인가요?

한나   예리   명규   예리

(   )

15 그릇에 담긴 물의 양을 잘못 비교한 사람은 누구인가요?

> 지율: ㉢에 담긴 물의 양은 ㉠에 담긴 물의 양보다 더 적어.
> 천수: ㉠에 담긴 물의 양이 가장 많아.
> 지성: ㉡에 담긴 물의 양은 ㉢에 담긴 물의 양보다 더 많아.

(   )

4

비교하기

1 더 긴 것에 ○표 하세요.

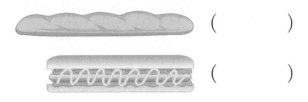

(   )

(   )

2 더 짧은 것의 기호를 쓰세요.

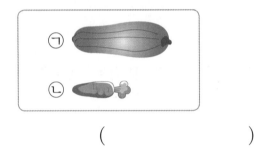

(   )

3 더 가벼운 과일에 △표 하세요.

(   ) (   )

4 왼쪽 동물보다 키가 더 큰 동물에 ○표 하세요.

(   ) (   )

5 넓이를 비교할 때 쓰는 말로 바르게 짝 지어진 것을 찾아 기호를 쓰세요.

㉠ 길다, 짧다	㉡ 크다, 작다
㉢ 높다, 낮다	㉣ 넓다, 좁다

(   )

6 4명과 2명이 각각 앉을 수 있는 돗자리를 각각 그려 보세요.

7 각각의 종이 받침대 위에 올려놓아져 있었던 물건을 찾아 이어 보세요.

8 가장 무거운 동물에 ○표 하세요.

(   ) (   ) (   )

9 왼쪽 그릇보다 오른쪽 그릇에 담긴 물의 양이 더 적게 되도록 오른쪽 그릇에 물을 그려 보세요.

10 담을 수 있는 양이 가장 많은 것에 ○표, 가장 적은 것에 △표 하세요.

(   ) (   ) (   )

11 주어진 모양보다 더 좁은 ○ 모양을 왼쪽에, 더 넓은 ○ 모양을 오른쪽에 그려 보세요.

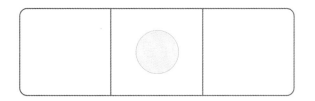

12 키가 가장 작은 사람은 누구인가요?

유미   태하   종우

(   )

13 길이가 긴 것부터 순서대로 1, 2, 3을 쓰세요.

(   )

(   )

(   )

14 비어 있는 어항과 냄비에 똑같은 컵으로 물을 가득 담아 다음과 같이 부었더니 어항과 냄비가 가득 찼습니다. 담을 수 있는 양이 더 많은 그릇은 어느 것인가요?

그릇	어항	냄비
부은 횟수(번)	9	8

(   )

15 설악산은 한라산보다 더 낮고, 한라산은 백두산보다 더 낮습니다. 설악산, 한라산, 백두산 중에서 가장 높은 산은 무엇인가요?

(   )

4

비교하기

>> 만들 수 있는 모양의 개수 구하기   🖤 진도책 p.164의 유사 문제

1 ⬛으로 |보기|의 모양을 몇 개 만들 수 있나요?

|보기|

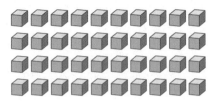

[풀이]

[답] _____

2 ⬛으로 |보기|의 모양을 몇 개 만들 수 있나요?

|보기|

[풀이]

[답] _____

>> 수를 모으기 한 후 가르기   🖤 진도책 p.165의 유사 문제

3 두 상자에 축구공이 각각 7개, 5개 들어 있습니다. 두 상자에 들어 있는 축구공을 재석이와 찬희가 똑같이 나누어 가지려고 합니다. 한 사람이 가질 수 있는 축구공은 몇 개인가요?

[풀이]

[답] _____

4 두 봉지에 빵이 각각 9개, 7개 들어 있습니다. 두 봉지에 들어 있는 빵을 하솔이와 성범이가 똑같이 나누어 가지려고 합니다. 한 사람이 가질 수 있는 빵은 몇 개인가요?

[풀이]

[답] _____

≫ 수의 크기 비교하기

❤️ 진도책 p.166의 유사 문제

5 젤리는 14개, 사탕은 열여덟 개, 초콜릿은 10개씩 묶음 1개와 낱개 5개가 있습니다. 젤리, 사탕, 초콜릿 중에서 가장 많은 것을 쓰세요.

[풀이]

답 _____

6 빨간색 구슬은 36개, 파란색 구슬은 마흔 네 개, 보라색 구슬은 10개씩 묶음 2개와 낱개 9개가 있습니다. 가장 많은 구슬은 어떤 색인가요?

[풀이]

답 _____

≫ 수의 순서 활용하기

❤️ 진도책 p.167의 유사 문제

7 운동장에 학생 50명이 1번부터 50번까지 번호 순서대로 줄을 서 있습니다. 우주는 앞에서부터 21번째에 서 있고, 승호는 앞에서부터 스물여섯 번째에 서 있습니다. 우주와 승호 사이에 서 있는 학생은 모두 몇 명인지 구하세요.

[풀이]

답 _____

8 운동장에 학생 50명이 1번부터 50번까지 번호 순서대로 줄을 서 있습니다. 주호는 앞에서부터 39번째에 서 있고, 상무는 앞에서부터 마흔다섯 번째에 서 있습니다. 주호와 상무 사이에 서 있는 학생은 모두 몇 명인지 구하세요.

[풀이]

답 _____

5

50까지의 수

35

9 귤이 Ｉ0개씩 묶음 2개가 있습니다. 귤이 모두 40개가 되려면 Ｉ0개씩 묶음 몇 개가 더 있어야 하나요?

(   )

10 쿠키 ＩＩ개를 영선이와 창호가 나누어 가지려고 합니다. 영선이가 창호보다 쿠키를 더 많이 가지도록 접시 위에 ○로 나타내 보세요. (단, 두 사람은 쿠키를 적어도 한 개씩은 가집니다.)

영선   창호

11 다음을 수로 나타내 보세요.

Ｉ0개씩 묶음 3개와 낱개 ＩＩ개

(   )

12 3장의 수 카드 중에서 2장을 뽑아 한 번씩만 사용하여 가장 큰 몇십몇을 만들어 보세요.

3　4　2

(　　　　　　)

13 0부터 9까지의 수 중에서 ▲에 알맞은 수는 모두 몇 개인지 구하세요.

2▲은/는 26보다 큽니다.

(　　　　　　)

14 다음을 모두 만족하는 수를 구하세요.

• 20보다 크고 30보다 작은 수입니다.
• 10개씩 묶음의 수와 낱개의 수가 같습니다.

(　　　　　　)

1 그림을 보고 □ 안에 알맞은 수를 써넣으세요.

9보다 1만큼 더 큰 수는 [   ] 입니다.

2 □ 안에 알맞은 수를 써넣으세요.

20은 10개씩 묶음 [   ] 개입니다.

3 □ 안에 알맞은 수를 써넣으세요.

10개씩 묶음	낱개
2	7

➡ [   ]

4 수직선을 보고 □ 안에 알맞은 수를 써넣으세요.

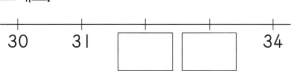

5 모으기를 하여 빈 곳에 알맞은 수만큼 ○를 더 그려 보세요.

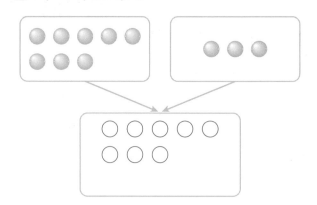

6 색종이가 10장씩 1묶음과 낱개로 7장 있습니다. 색종이는 모두 몇 장인가요?

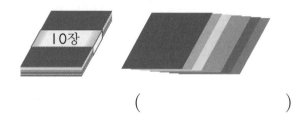

(   )

7 두 수를 모으기 하여 10이 되지 <u>않는</u> 것에 △표 하세요.

| 2와 8 | 1과 9 | 7과 4 |

(   ) (   ) (   )

8 나타내는 수가 <u>다른</u> 하나에 △표 하세요.

| 서른 | 30 | 스물 | 삼십 |

9 모형을 보고 빈칸에 알맞은 수나 말을 써 넣으세요.

모형	수	읽기
	12	
		십오

10 모으기 하여 14가 되는 두 수를 찾아 ○ 표 하세요.

| 8 5 6 |

11 18을 똑같은 두 수로 가르기 하세요.

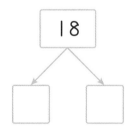

12 피자 한 판을 12조각으로 잘라서 정식이 가 4조각 먹었습니다. 남은 피자는 몇 조 각인가요?

( )

13 감이 마흔여섯 개 있습니다. 감을 한 상자 에 10개씩 담아 포장하면 몇 상자까지 포장할 수 있을까요?

( )

14 구슬의 수를 세어 □ 안에 알맞은 수를 써 넣으세요.

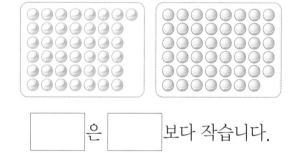

| □ 은 □ 보다 작습니다.

15 호두가 19개, 땅콩이 서른두 개, 아몬드 가 10개씩 묶음 2개와 낱개 5개 있습니 다. 호두, 땅콩, 아몬드 중에서 가장 많은 것은 무엇인가요?

( )

5

50까지의 수

1 그림을 보고 10을 바르게 가르기 한 것에 ○표 하세요.

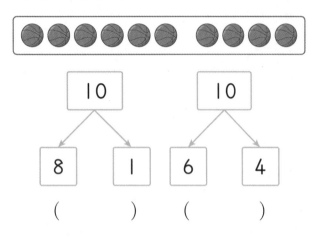

(   )   (   )

2 건우가 수를 바르게 읽었으면 ○표, 아니면 ×표 하세요.

15   열오   건우

(   )

3 그림에 알맞은 것을 모두 찾아 ○표 하세요.

| 아홉 | 10 | 십 | 9 | 열 |

4 빈칸에 알맞은 수를 써넣으세요.

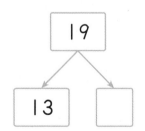

19
13   [ ]

5 33부터 40까지의 수를 순서대로 이어 그림을 완성해 보세요.

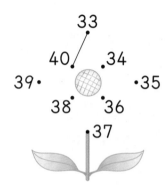

6 빈칸에 알맞은 수나 말을 써넣으세요.

수	읽기	
14	십사	
		열아홉

7 성오는 딸기를 아침에 4개, 저녁에 9개 먹었습니다. 성오가 하루 동안 먹은 딸기는 모두 몇 개인가요?

(   )

8 모으기 하여 16이 되는 것끼리 색칠해 보세요.

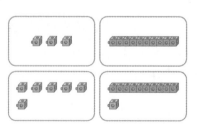

9 수를 거꾸로 세어 빈칸에 알맞은 수를 써 넣으세요.

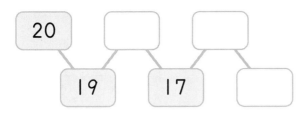

10 나타내는 수를 쓰고, 두 가지 방법으로 읽어 보세요.

> 10개씩 묶음 5개

쓰기 (   )

읽기 (   ), (   )

11 ㉮와 ㉯ 중에서 더 작은 수를 찾아 기호를 쓰세요.

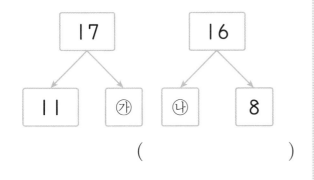

(   )

12 치즈가 10장씩 2묶음 있습니다. 치즈가 모두 30장이 되려면 10장씩 몇 묶음이 더 있어야 하나요?

(   )

13 그림을 보고 빈칸에 알맞은 수를 써넣으세요.

10개씩 묶음	낱개

→ ☐

14 다음을 수로 나타내 보세요.

> 10개씩 묶음 2개와 낱개 15개

(   )

15 운동장에 학생 50명이 1번부터 50번까지 번호 순서대로 줄을 서 있습니다. 예서는 앞에서부터 28번째에 서 있고, 현택이는 앞에서부터 서른세 번째에 서 있습니다. 예서와 현택이 사이에 서 있는 학생은 모두 몇 명인가요?

(   )

1 수를 세어 알맞은 수에 ○표 하세요.

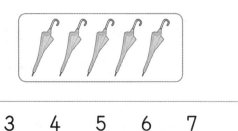

| 3 | 4 | 5 | 6 | 7 |

2 □ 안에 알맞은 수를 써넣으세요.

9보다 □ 만큼 더 큰 수는 10입니다.

3 더 무거운 것에 ○표 하세요.

( )   ( )

4 그림에 알맞은 덧셈식에 색칠해 보세요.

2+5=7   2+3=5

5 빈 곳에 알맞은 수를 써넣으세요.

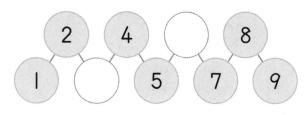

6 키가 더 큰 사람의 이름을 쓰세요.

정원   윤하

( )

7 오른쪽에 보이는 일부분을 보고 같은 모양인 물건을 찾아 ○표 하세요.

( )   ( )   ( )

8 가르기를 바르게 한 것에 ○표 하세요.

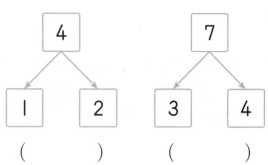

( )   ( )

9 어느 방향으로도 잘 쌓을 수 없는 모양에
×표 하세요.

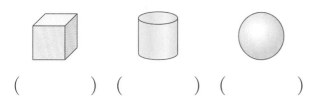

(   ) (   ) (   )

10 1 0에 대해 잘못 설명한 사람의 이름을
쓰세요.

> 이연: 9보다 2만큼 더 큰 수야.
> 민순: 6과 4를 모으기 한 수야.

(   )

11 연필을 세호는 6자루, 유석이는 2자루 가
지고 있습니다. 두 사람이 가지고 있는 연
필은 모두 몇 자루인가요?

(   )

12 순서를 거꾸로 하여 수를 쓰세요.

| 5 | 4 | | 2 | |

13 초록색 우산이 2 1 개, 노란색 우산이 1 7개
있습니다. 더 많은 우산의 색은 어떤 색인
가요?

(   )

14 가장 긴 것에 ○표 하세요.

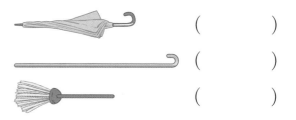

(   )

(   )

(   )

15 왼쪽에서부터 알맞게 색칠해 보세요.

여섯(육)	○○○○○○○○○○
여섯째	○○○○○○○○○○

성취도 평가

[16~17] 모양을 보고 물음에 답하세요.

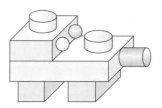

16 모양을 만드는 데 이용한 ⬜ 모양은 모두
몇 개인가요?

(   )

17 모양을 만드는 데 이용한 ⬭ 모양은 모두
몇 개인가요?

(   )

18 나타내는 수가 41과 다른 것을 찾아 기호를 쓰세요.

> ㉠ 마흔하나
> ㉡ 10개씩 묶음 1개와 낱개 4개

( )

19 □ 안에 ＋, － 중에서 알맞은 기호를 써 넣었을 때 나머지와 다른 하나를 찾아 기호를 쓰세요.

> ㉠ 3□3=0
> ㉡ 3□5=8
> ㉢ 4□2=2

( )

20 가장 넓은 곳과 가장 좁은 곳을 각각 찾아 기호를 쓰세요.

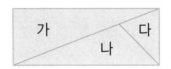

가장 넓은 곳 ( )
가장 좁은 곳 ( )

21 담을 수 있는 양이 많은 것부터 순서대로 1, 2, 3을 쓰세요.

( ) ( ) ( )

22 5보다 큰 수를 모두 찾아 쓰세요.

> 0 6 7 4 3 9

( )

23 미현이의 영화관 자리는 20번입니다. 미현이의 자리에 ○표 하세요.

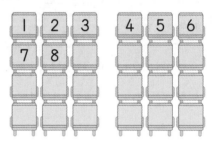

24 모든 방향으로 잘 굴러가는 것은 모두 몇 개인가요?

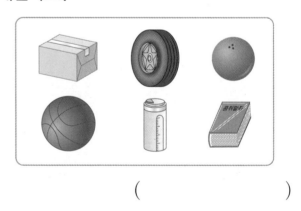

( )

25 수 카드 5장 중에서 2장을 골라 차가 가장 큰 뺄셈식을 만들어 계산 결과를 구하세요.

> 2 5 1 7 4

( )

1 그림을 보고 모으기를 하세요.

2 수로 나타내 보세요.

서른아홉 ➡ (   )

3 지호가 바르게 말했으면 ○표, 잘못 말했으면 ×표 하세요.

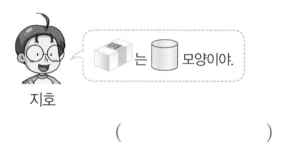

지호

(   )

[4~5] |보기|의 비교하는 말 중에서 □ 안에 알맞은 말을 찾아 써넣으세요.

┤보기├
길다   무겁다   높다   좁다

4 신호등의 높이는 자전거의 높이보다 더

[   ] .

5 기차의 길이는 버스의 길이보다 더

[   ] .

6 수를 두 가지 방법으로 읽어 보세요.

(   ), (   )

7 10을 알맞게 읽은 것에 ○표 하세요.

영준이는 10(열 , 십)층에 삽니다.

성취도 평가

8 사탕의 수가 6인 것에 ○표 하세요.

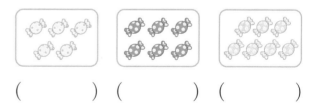

(   ) (   ) (   )

9 같은 모양끼리 모은 것입니다. 잘못 모은 물건에 ×표 하세요.

10 레몬이 43개, 귤이 34개 있습니다. 레몬과 귤 중에서 더 많은 것은 무엇인가요?

(   )

11 그림의 수보다 1만큼 더 큰 수와 1만큼 더 작은 수를 각각 구하세요.

1만큼 더 큰 수 (   )
1만큼 더 작은 수 (   )

12 젤리 6개 중에서 3개를 먹었습니다. 남은 젤리는 몇 개인가요?

식 _____

답 _____

13 오른쪽에서부터 일곱째에 있는 수를 쓰세요.

0 3 6 4 1 5 7 8 2 9

(   )

14 □ 안에 +와 -를 바르게 써넣은 것에 ○표 하세요.

5 + 2 = 3   5 - 2 = 3

(   )   (   )

15 우리 안에 토끼 2마리가 있었는데 잠시 후 2마리가 우리 밖으로 나갔습니다. 우리 안에 있는 토끼는 몇 마리인가요?

(   )

16 가장 넓은 곳을 찾아 색칠해 보세요.

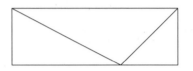

17 보이는 일부분을 보고 알맞게 이어 보세요.

18 다음 모양을 만드는 데 ⬜, ⬛, ⚪ 모양을 각각 몇 개 이용했는지 쓰세요.

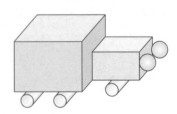

⬜ 모양	⬛ 모양	⚪ 모양

19 다음은 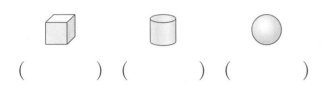 모양 중에서 어떤 모양에 대한 설명인지 ◯표 하세요.

> • 평평한 부분이 있습니다.
> • 눕히면 잘 굴러갑니다.

(   ) (   ) (   )

20 모으기를 하여 7이 되도록 두 수를 모두 묶어 보세요.

1	3	9	2
6	4	4	5

21 영애와 인규가 모양과 크기가 같은 컵에 주스를 가득 따라 마시고 남은 것입니다. 주스를 더 많이 마신 사람은 누구인가요?

영애   인규

(   )

22 3장의 수 카드를 모두 이용하여 뺄셈식을 2개 만들어 보세요.

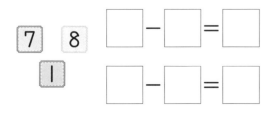

23 밑줄 친 15를 읽는 방법이 나머지와 다른 하나를 찾아 기호를 쓰세요.

> ㉠ 오늘은 형의 15번째 생일입니다.
> ㉡ 민주는 줄넘기를 15번 했습니다.
> ㉢ 15번까지 문제를 풀었습니다.

(   )

24 ㉠, ㉡, ㉢에 알맞은 수를 각각 구하세요.

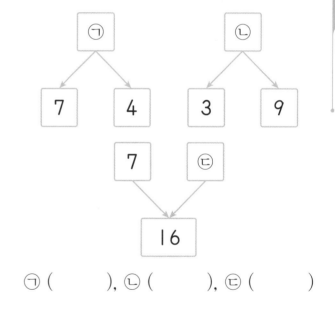

㉠ (   ), ㉡ (   ), ㉢ (   )

25 뻐꾸기, 부엉이, 갈매기 중에서 가장 가벼운 것은 무엇인가요?

> • 뻐꾸기는 부엉이보다 더 가볍습니다.
> • 부엉이는 갈매기보다 더 가볍습니다.

(   )

성취도 평가

MEMO

수학리더
최상위

상위권 잡는 필독서

수학 리더
최상위

리더가 되기 위한
공부 비법

BOOK 1
최상위 심화서
하이레벨 입문, 탐구, 심화 문제
+ 브레인 스토밍 문제

BOOK 2
해법전략
자세한 정답과 해설

천재교육

초등 수학,
상위권은 더 이상 성적이 아닙니다.
자신감 입니다.

초3~6(학기별)

book.chunjae.co.kr

교재 내용 문의 ················· 교재 홈페이지 ▶ 초등 ▶ 교재상담
교재 내용 외 문의 ··············· 교재 홈페이지 ▶ 고객센터 ▶ 1:1문의
발간 후 발견되는 오류 ··········· 교재 홈페이지 ▶ 초등 ▶ 학습지원 ▶ 학습자료실

수학의 자신감을 키워 주는 **초등 수학 교재**

난이도 한눈에 보기!

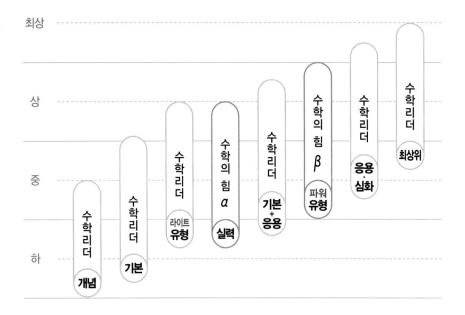

차세대 리더

시험 대비교재

● 올백 전과목 단원평가   1~6학년/학기별
                                             (1학기는 2~6학년)

● HME 수학 학력평가   1~6학년/상·하반기용

● HME 국어 학력평가   1~6학년

논술·한자교재

● YES 논술   1~6학년/총 24권

● 천재 NEW 한자능력검정시험 자격증 한번에 따기   8~5급 (총 7권) / 4급~3급(총 2권)

영어교재

● READ ME
– Yellow 1~3   2~4학년(총 3권)
– Red 1~3   4~6학년(총 3권)

● Listening Pop   Level 1~3

● Grammar, ZAP!
– 입문   1, 2단계
– 기본   1~4단계
– 심화   1~4단계

● Grammar Tab   총 2권

● Let's Go to the English World!
– Conversation   1~5단계, 단계별 3권
– Phonics   총 4권

예비중 대비교재

● 천재 신입생 시리즈   수학 / 영어

● 천재 반편성 배치고사 기출 & 모의고사

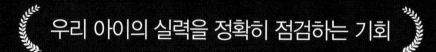

우리 아이의 실력을 정확히 점검하는 기회

40년의 역사
전국 초·중학생 213만 명의 선택

HME 학력평가
해법수학 · 해법국어

응시 학년
수학 | 초등 1학년 ~ 중학 3학년
국어 | 초등 1학년 ~ 초등 6학년

응시 횟수
수학 | 연 2회 (6월 / 11월)
국어 | 연 1회 (11월)

주최 **천재교육** | 주관 **한국학력평가 인증연구소** | 후원 **서울교육대학교**

*응시 날짜는 변동될 수 있으며, 더 자세한 내용은 HME 홈페이지에서 확인 바랍니다.

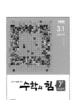

수학의 힘[감마]

수학리더[최상위]

최상

난이도

심화

초등 수학
라인업

수학의 힘[베타]

수학리더
[응용·심화]

유형

수학도
독해가 힘이다

초등 문해력
독해가 힘이다
[문장제 수학편]

수학리더
[기본+응용]

수학리더[유형]

수학의 힘[알파]

개념

수학리더[개념]

수학리더[기본]

New
해법 수학

학기별 1~3호   방학 개념 학습

GO! 매쓰
시리즈

Start/Run A-C/Jump

기초
연산

계산박사

수학리더[연산]

평가 대비
특화 교재

단원 평가   HME 수학   예비 중학
마스터   학력평가   신입생 수학

최하

수학리더 기본+응용

22개정 교육과정 반영

해법천재

BOOK 3

1-1

BOOK 1
진도책
기본·실력·응용 유형
+ 서술형 수능 대비
+ 기본·실력 평가

BOOK 2
복습책
응용력 강화 문제
+ 실력 평가 + 성취도 평가

리더가 되기 위한
공부 비법

천재교육

해법전략
포인트 3가지

▶ 혼자서도 이해할 수 있는 친절한 문제 풀이

▶ 참고, 주의 등 자세한 풀이 제시

▶ 다른 풀이를 제시하여 다양한 방법으로 문제 풀이 가능

⚡ 9까지의 수

1 (1) 예 ○○○○○
 (2) 예 ○○○○○
 (3) 예 ○○○○○
 (4) 예 ○○○○○
 (5) ○○○○○

2 (1) 넷에 ○표 (2) 둘에 ○표
3 (1) 3에 ○표 (2) 5에 ○표
4 (1) 이, 둘 (2) 오, 다섯
5

1 동물의 수를 세어 수만큼 ○에 색칠합니다.
 토끼는 하나이므로 ○ 1개에, 강아지는 둘이므로 ○
 2개에, 고양이는 셋이므로 ○ 3개에, 닭은 넷이므로
 ○ 4개에, 오리는 다섯이므로 ○ 5개에 색칠합니다.

2 (1) 풍선의 수를 세어 보면 하나, 둘, 셋, 넷이므로 넷
 입니다.
 (2) 풍선의 수를 세어 보면 하나, 둘이므로 둘입니다.

3 (1) 아이스크림의 수를 세어 보면 하나, 둘, 셋이므로
 셋이고 3입니다.
 (2) 아이스크림의 수를 세어 보면 하나, 둘, 셋, 넷,
 다섯이므로 다섯이고 5입니다.

4 (1) 2는 이 또는 둘이라고 읽습니다.
 (2) 5는 오 또는 다섯이라고 읽습니다.

> 참고 개념
> 수는 두 가지 방법으로 읽을 수 있습니다.

쓰기	1	2	3	4	5
읽기	일	이	삼	사	오
	하나	둘	셋	넷	다섯

5 모자의 수는 3(셋)이고, 셔츠의 수는 4(넷)입니다.

1 (1) 예 ○○○○○
 ○
 (2) 예 ○○○○○
 ○○
 (3) 예 ○○○○○
 ○○○○

2 (1) 7에 ○표 (2) 6에 ○표
3 ( )( )(○)
4 (1) 칠, 일곱 (2) 팔, 여덟
5

1 과일의 수를 세어 수만큼 ○를 그립니다.
 사과는 여섯이므로 ○를 6개, 귤은 일곱이므로 ○
 를 7개, 배는 여덟이므로 ○를 8개 그립니다.

2 (1) 튤립의 수를 세어 보면 하나, 둘, 셋, 넷, 다섯, 여
 섯, 일곱이므로 일곱이고 7입니다.
 (2) 개구리의 수를 세어 보면 하나, 둘, 셋, 넷, 다섯,
 여섯이므로 여섯이고 6입니다.

3 개수를 세어 왼쪽에서부터 차례로 써 보면 6개, 7개,
 9개입니다.

> 참고 개념
> • 수를 상황에 따라 읽기
> 예 사탕 9개
> 아홉 개(○), 구 개(✕)

4 (1) 7은 칠 또는 일곱이라고 읽습니다.
 (2) 8은 팔 또는 여덟이라고 읽습니다.

> 참고 개념
> 수는 두 가지 방법으로 읽을 수 있습니다.

쓰기	6	7	8	9
읽기	육	칠	팔	구
	여섯	일곱	여덟	아홉

5 6(여섯, 육), 9(아홉, 구)

정답과 해설

STEP 1 개념 익히기 · 10~11쪽

1 3, 4, 5

2

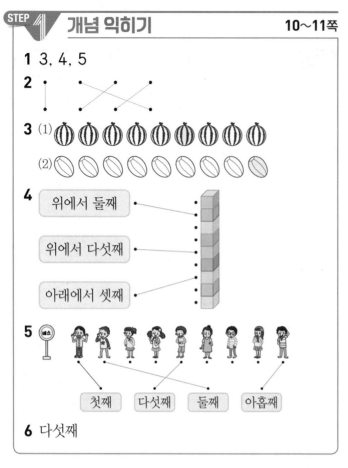

3 (1) (수박 그림)
(2) (수박 그림)

4
위에서 둘째 •
위에서 다섯째 •
아래에서 셋째 •

5
첫째 다섯째 둘째 아홉째

6 다섯째

---

1 순서를 수로 나타내면 셋째는 3, 넷째는 4, 다섯째는 5입니다.

2
여섯째 일곱째 여덟째 아홉째
　｜　　 ｜　　 ｜　　 ｜
　6　　 7　　 8　　 9

3 (1) 왼쪽에서부터 차례로 세어 여섯째에 있는 그림에만 색칠합니다.
(2) 왼쪽에서부터 차례로 세어 아홉째에 있는 그림에만 색칠합니다.

4 • 위에서부터 순서를 세어 보면 위에서 둘째는 분홍색 쌓기나무입니다.
• 위에서부터 순서를 세어 보면 위에서 다섯째는 초록색 쌓기나무입니다.
• 아래에서부터 순서를 세어 보면 아래에서 셋째는 연두색 쌓기나무입니다.

5 왼쪽에서부터 차례로 첫째, 둘째, 셋째, 넷째, 다섯째, 여섯째, 일곱째, 여덟째, 아홉째입니다.

6 왼쪽에서부터 첫째, 둘째, 셋째, 넷째, 다섯째이므로 노란색 장화는 다섯째에 있습니다.

참고 개념
노란색 장화는 오른쪽에서 셋째에 있습니다.

STEP 2 기본 다지기 · 12~15쪽

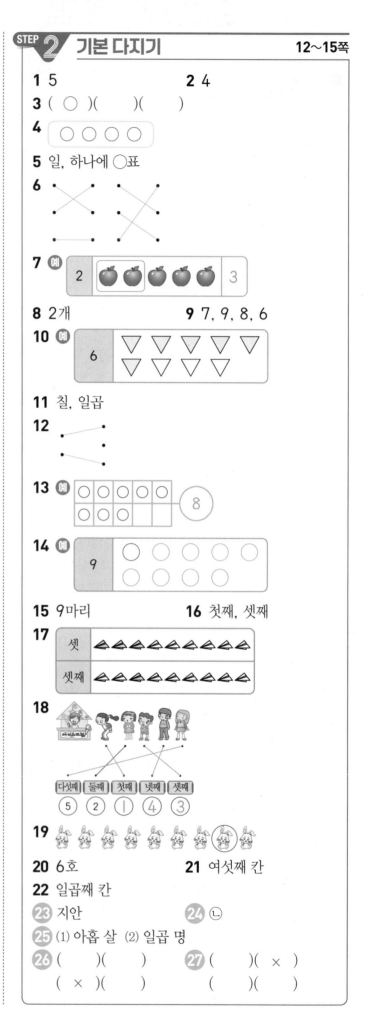

1 5　　　　　　　　**2** 4

3 (○)(　)(　)

4 ○ ○ ○ ○

5 일, 하나에 ○표

6

7 예 ［ 2 🍎🍎🍎🍎🍎 3 ］

8 2개　　　　　　**9** 7, 9, 8, 6

10 예 ［ 6 ▽▽▽▽▽ ▽▽▽▽▽ ］

11 칠, 일곱

12

13 예 ［ ○○○○○ ○○○ (8) ］

14 예 ［ 9 ○○○○○ ○○○○ ］

15 9마리　　　　　**16** 첫째, 셋째

17
| 셋 | △△△△△△△△△ |
| 셋째 | △△△△△△△△△ |

18
다섯째 둘째 첫째 넷째 셋째
⑤ 　 ② 　 ① 　 ④ 　 ③

19 🐰🐰🐰🐰🐰🐰🐰(🐰)🐰

20 6호　　　　　　**21** 여섯째 칸

22 일곱째 칸

23 지안　　　　　　**24** ㉡

25 (1) 아홉 살 (2) 일곱 명

26 (　)(　)
　 (×)(　)

27 (　)(×)
　 (　)(　)

1 배를 세어 보면 하나, 둘, 셋, 넷, 다섯이므로 5입니다.

2 갈매기를 세어 보면 하나, 둘, 셋, 넷이므로 4입니다.

3 풍선의 수를 세어 보면 왼쪽에서부터 차례로 3, 1, 5입니다.

4 주어진 수가 4이므로 ○를 4개 그립니다.

5 1은 일 또는 하나라고 읽습니다.

6 이―2―둘
사―4―넷
삼―3―셋

7 2는 둘이므로 사과를 둘까지 세어 묶고, 묶지 않은 것을 세어 보면 셋(3)입니다.

8 둘이므로 2입니다. 민서가 먹은 체리는 2개입니다.

10 6은 여섯이므로 여섯까지 세면서 색칠합니다.

11 빵을 세어 보면 하나, 둘, 셋, 넷, 다섯, 여섯, 일곱이므로 7입니다.
7은 칠 또는 일곱이라고 읽습니다.

12 숟가락은 8개, 포크는 9개입니다.

13 ●는 8개이므로 ○를 8개 그리고 8을 씁니다.

14 하나씩 차례로 세어 아홉이 되도록 ○를 더 그립니다.

15 물고기의 수를 세어 보면 아홉이므로 9마리입니다.

16 수를 순서대로 쓰면 1, 2, 3, 4, 5이고 순서를 차례로 쓰면 첫째, 둘째, 셋째, 넷째, 다섯째입니다.

17 셋은 개수를 나타내므로 그림을 하나, 둘, 셋으로 세면서 3개를 색칠하고, 셋째는 순서를 나타내므로 셋째 그림 1개에만 색칠합니다.

18 왼쪽에서부터 첫째―1, 둘째―2, 셋째―3, 넷째―4, 다섯째―5입니다.

19 왼쪽에서부터 차례로 순서를 세어 여덟째 토끼 1마리에만 ○표 합니다.

20 오른쪽에서 셋째에 있는 열차는 6호입니다.

21 아래에서부터 세어 여섯째 칸에 있습니다.

22 위에서부터 세어 일곱째 칸에 있습니다.

㉓ 지안: 내 번호는 육 번입니다.

㉔ ㉡ 윤우는 초콜릿을 다섯 개 샀습니다.

㉖ 9는 구 또는 아홉이라고 읽습니다.

㉗ 8은 팔 또는 여덟이라고 읽습니다.

STEP 1 개념 익히기 16~17쪽

1 (1) 2, 4, 5 (2) 6, 9

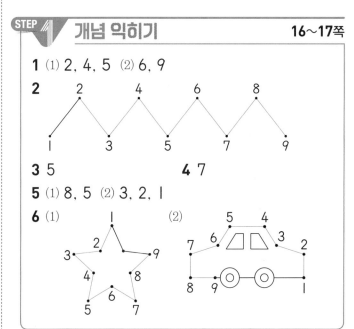

3 5 **4** 7
5 (1) 8, 5 (2) 3, 2, 1

1 (1) 1부터 수를 순서대로 쓰면 1, 2, 3, 4, 5입니다.
(2) 5부터 수를 순서대로 쓰면 5, 6, 7, 8, 9입니다.

2 1, 2, 3, 4, 5, 6, 7, 8, 9의 순서로 점을 잇습니다.

3 4 다음의 수는 5입니다.

4 6 다음의 수는 7입니다.

5 (1) 9부터 순서를 거꾸로 하여 수를 쓰면 9, 8, 7, 6, 5입니다.
(2) 5부터 순서를 거꾸로 하여 수를 쓰면 5, 4, 3, 2, 1입니다.

6 1, 2, 3, 4, 5, 6, 7, 8, 9의 순서대로 이어 봅니다.

3

1 ( )(○)( )
2 2, 1, 0 **3** (1) 5 (2) 2
4 6 **5** 0, 2

1 3보다 1만큼 더 큰 수는 3 바로 뒤의 수인 4입니다.

2 주차장에 자동차가 둘이면 2, 하나이면 1, 아무것도 없으면 0입니다.

3 (1) 4 바로 뒤의 수는 5입니다.
(2) 3 바로 앞의 수는 2입니다.

4 그림의 수는 5이므로 5보다 1만큼 더 큰 수는 6입니다.

5 1보다 1만큼 더 작은 수는 0,
1보다 1만큼 더 큰 수는 2입니다.

1 (1) 많습니다에 ○표 (2) 큽니다에 ○표
2 (1) 큽니다에 ○표 (2) 작습니다에 ○표
3 예  , 6
4 (1) 4에 ○표 (2) 7에 ○표
5 (1) 2에 △표 (2) 6에 △표

1 나비와 꽃을 하나씩 짝 지으면 나비가 남습니다.
➡ 나비가 꽃보다 많습니다.

2 (1) 8은 4보다 뒤에 있으므로 8은 4보다 큽니다.
(2) 5는 9보다 앞에 있으므로 5는 9보다 작습니다.

3 6개와 8개를 각각 색칠합니다.
➡ 6이 8보다 색칠한 것이 더 적으므로 6은 8보다 작습니다.

4 (1) 1 2 3 4
더 큰 수 →

5 (1) 2 3 4 5
← 더 작은 수

1

2 4, 5, 6, 7
3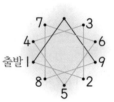

4

5 4에 ○표
6

7 (1) 4 (2) 3 **8** 유찬
9 0 **10** 0, 영
11 9, 7 **12** 7에 ○표, 5에 △표
13 5권 **14** 5에 ○표
15 (1) 작습니다에 ○표 (2) 큽니다에 ○표
16 3, 1
17

18 7, 6 **19** 7
20 준수
21 (△)( )(○)
22 8, 3 **23** 유주
24 6 **25** 4
26 7

4

1 Ⅰ, 2, 3, 4의 순서대로 길을 따라갑니다.

2 3-4-5-6-7의 순서로 씁니다.

3 Ⅰ, 2, 3, 4, 5, 6, 7, 8, 9의 순서로 이어 봅니다.

4 순서를 거꾸로 하여 수를 쓰면 9, 8, 7, 6, 5, 4, 3, 2, Ⅰ입니다.

5 순서를 거꾸로 하여 수를 쓰면 9, 8, 7, 6, 5, 4이 므로 5 다음에 4를 씁니다.

6 수의 순서대로 왼쪽 위부터 Ⅰ, 2, 3 / 4, 5, 6 / 7, 8, 9입니다.

7 (1) 3 바로 뒤의 수는 4입니다.
　(2) 4 바로 앞의 수는 3입니다.

8 지안: 5보다 Ⅰ만큼 더 큰 수는 6입니다.

> **참고 개념**
> 7은 6보다 1만큼 더 큰 수입니다.

9 안경을 쓴 사람은 없으므로 안경을 쓴 사람의 수는 0입니다.

10 Ⅰ보다 Ⅰ만큼 더 작은 수는 아무것도 없는 것이므로 0입니다.

11 펭귄의 수를 세어 보면 여덟(8)이므로 8보다 Ⅰ만큼 더 큰 수는 9, 8보다 Ⅰ만큼 더 작은 수는 7입니다.

12 6보다 Ⅰ만큼 더 큰 수는 7, 6보다 Ⅰ만큼 더 작은 수는 5입니다.

13 4보다 Ⅰ만큼 더 큰 수는 5이므로 도현이는 동화책을 5권 읽었습니다.

14 병아리는 5마리, 닭은 4마리입니다. 병아리와 닭을 하나씩 짝 지어 보면 병아리가 남으므로 병아리가 더 많습니다.
　➜ 5는 4보다 큽니다.

15 (1) 7은 9보다 앞에 있으므로 7은 9보다 작습니다.
　(2) 9는 7보다 뒤에 있으므로 9는 7보다 큽니다.

16 수를 순서대로 쓰면 Ⅰ-2-3……이므로 3은 Ⅰ보다 큽니다.

17 6 앞의 수 Ⅰ, 2, 3, 4, 5는 6보다 작습니다.

18 주어진 수들을 작은 수부터 차례로 쓰면 Ⅰ, 3, 5, 6, 7이므로 5보다 큰 수는 6, 7입니다.

19 빨간 단추는 7개, 파란 단추는 5개입니다.
빨간 단추가 파란 단추보다 많습니다.
　➜ 7은 5보다 큽니다.

20 8은 4보다 크므로 땅콩을 더 많이 먹은 사람은 준수입니다.

㉑ 작은 수부터 차례로 썼을 때 가장 큰 수는 가장 뒤에 있는 수, 가장 작은 수는 가장 앞에 있는 수야.

수를 작은 수부터 차례로 쓰면 Ⅰ, 4, 5이므로 가장 큰 수는 5, 가장 작은 수는 Ⅰ입니다.

㉒ 수를 작은 수부터 차례로 쓰면 3, 7, 8이므로 가장 큰 수는 8, 가장 작은 수는 3입니다.

㉓ 수를 작은 수부터 차례로 쓰면 2, 4, 6이므로 가장 작은 수는 2입니다.
따라서 지우개를 가장 적게 가지고 있는 사람은 유주입니다.

㉔ 반대로 생각해서 구해 보자.

$$\boxed{6} \xleftarrow[\text{Ⅰ만큼 더 작은 수}]{\text{Ⅰ만큼 더 큰 수}} 7$$

'□보다 Ⅰ만큼 더 큰 수는 7입니다.'는 '7보다 Ⅰ만큼 더 작은 수는 □입니다.'와 같습니다.
　➜ 7보다 Ⅰ만큼 더 작은 수는 6이므로 □ 안에 알맞은 수는 6입니다.

㉕
$$3 \xleftarrow[\text{Ⅰ만큼 더 작은 수}]{\text{Ⅰ만큼 더 큰 수}} \boxed{4}$$

'□보다 Ⅰ만큼 더 작은 수는 3입니다.'는 '3보다 Ⅰ만큼 더 큰 수는 □입니다.'와 같습니다.
　➜ 3보다 Ⅰ만큼 더 큰 수는 4이므로 □ 안에 알맞은 수는 4입니다.

㉖
$$\boxed{\text{은우가 생각한 수}} \xleftarrow[\text{Ⅰ만큼 더 작은 수}]{\text{Ⅰ만큼 더 큰 수}} 8$$

8보다 Ⅰ만큼 더 작은 수는 7이므로 은우가 생각한 수는 7입니다.

정답과 해설

STEP ③ 응용력 올리기 **26~29쪽**

1 ① ●—●—●—●—●—⊙—●—●—●—⊙
첫째

② **3**개

1-1 2명   **1-2** 4명
2 ① (앞) ○○○○○○○○○ (뒤) ② 여덟째
2-1 일곱째   **2-2** 둘째
3 ① 9   ② 둘째
3-1 셋째   **3-2** 6
4 ① 5, 6, 7, 8, 9   ② 5, 6
4-1 6, 7   **4-2** 5, 6

1 ① **그림에서 다섯째와 아홉째 찾기**

② **다섯째와 아홉째 사이에 있는 바둑돌 수 구하기**
여섯째, 일곱째, 여덟째에 있는 바둑돌로 모두 3개
입니다.

1-1 ① 첫째와 넷째는 재성이와 현규입니다.
② 첫째와 넷째 사이에 달리고 있는 어린이:
민수, 유아 ➡ 2명

1-2 ① **사람 수만큼 ○를 그려 나타낸 다음 첫째와 여섯째 찾기**
7명을 ○로 나타내고 첫째와 여섯째를 찾습니다.

② **첫째와 여섯째 사이에 서 있는 사람 수 구하기**
첫째와 여섯째 사이에 서 있는 사람은 모두 4명입니
다.

2 ① **앞에서 둘째를 찾아 색칠하기**

② **수아는 뒤에서 몇째인지 알아보기**
색칠한 ○는 뒤에서 여덟째이므로 수아는 뒤에서 여
덟째에 서 있습니다.

2-1 ① ○를 9개 그리고 앞에서 셋째에 색칠합니다.
(앞) ○○●○○○○○○ (뒤)

② 색칠한 ○는 뒤에서 일곱째이므로 현서는 뒤에서
일곱째에 서 있습니다.

2-2 ① ○를 7개 그리고 앞에서 여섯째에 색칠합니다.
(앞) ○○○○○●○ (뒤)
② 색칠한 ○는 뒤에서 둘째이므로 다람쥐는 뒤에서
둘째에 서 있습니다.

3 ① **가장 큰 수 찾기**
수 카드에 쓰인 수들을 작은 수부터 차례로 쓰면 0,
3, 4, 8, 9이므로 가장 큰 수는 9입니다.
② **가장 큰 수는 왼쪽에서 몇째인지 구하기**
9는 왼쪽에서 둘째에 있습니다.

3-1 ① 수 카드에 쓰인 수들을 작은 수부터 차례로 쓰면
1, 4, 5, 7, 8이므로 가장 큰 수는 8입니다.
② 8은 왼쪽에서 셋째에 있습니다.

3-2 ① **작은 수부터 차례로 쓰기**
수 카드에 쓰인 수들을 작은 수부터 차례로 쓰면 2,
3, 4, 6, 9입니다.
② **왼쪽에서 넷째에 있는 수 구하기**
왼쪽에서 넷째에 있는 수는 6입니다.

4 ① **㉠을 만족하는 수 모두 찾기**
1, 2, 3, 4, 5, 6, 7, 8, 9
② **①에서 찾은 수 중에서 ㉡을 만족하는 수 모두 찾기**
5, 6, 7, 8, 9

4-1 ① 1부터 9까지의 수 중에서 5보다 큰 수를 모두
찾으면 6, 7, 8, 9입니다.
② ①에서 찾은 수 중에서 8보다 작은 수는 6, 7입
니다.
따라서 ㉠과 ㉡을 만족하는 수는 6, 7입니다.

4-2 ① 3과 7 사이에 있는 수를 모두 찾으면 4, 5, 6입
니다.
② ①에서 찾은 수 중에서 4보다 큰 수는 5, 6입니다.
따라서 ㉠과 ㉡을 만족하는 수는 5, 6입니다.

STEP ③ 응용력 올리기 **서술형 수능 대비** **30~31쪽**

1 🎲에 ○표   **2** 4개
3 감자   **4** 4명

1  모양 과자: 4개, ⬛ 모양 과자: 6개
　➡ 개수가 6개인 과자는 ⬛ 모양 과자입니다.

2
　사용한 초 3개만큼 ○표 한 다음 남은 초의 수를 세어 보면 4개입니다.
　➡ 사용하지 않은 초는 4개입니다.

3 채소의 수를 각각 세어 보면 당근 6개, 오이 5개, 감자 8개입니다.
　6, 5, 8을 큰 수부터 차례로 쓰면 8, 6, 5입니다.
　따라서 가장 큰 수는 8이므로 개수가 가장 많은 채소는 감자입니다.

4 농구의 팀별 경기 인원 수는 5명이고, 5보다 1만큼 더 작은 수는 4입니다.
　따라서 컬링의 팀별 경기 인원 수는 4명입니다.

TEST **단원 기본 평가**　　32~34쪽

1 3에 ○표　　**2** 9에 ○표

3

4 예
| 2 | ♡ ♡ ♡ ♡ ♡ |

5 ㉠

6
| 9 | (벌 그림) |

7 8　　　　　　**8** 2, 1, 0

9 7, 9　　　　**10** 9에 ○표

11 (왼쪽에서부터) 7, 6　**12** 7 / 6, 7

13 현민　　　　**14** ㉡

15 ㉠　　　　　**16** 8, 7

17 6개　　　　**18** 윤수

19 예 ❶ '●보다 1만큼 더 큰 수는 3입니다.'는 '3보다 1만큼 더 작은 수는 ●입니다.'와 같습니다.
❷ 3보다 1만큼 더 작은 수는 2이므로 ●에 알맞은 수는 2입니다.　　　답 2

---

20 예 ❶ 9명을 ○로 나타내고 둘째와 여섯째를 찾습니다.

○○○○○○○○○
　↑　　　　↑
둘째　　　여섯째

❷ 둘째와 여섯째 사이에 있는 사람은 모두 3명입니다.　　답 3명

---

3 ♥ – 하나, 일 – 1
　⭐⭐⭐⭐⭐ – 다섯, 오 – 5
　♠♠♠ – 셋, 삼 – 3

5 각각 개수를 세어 보면 ㉠ 일곱(7), ㉡ 여덟(8), ㉢ 아홉(9)입니다.

6 하나부터 세어 아홉까지 세고 ◯로 묶습니다.

7 7 바로 뒤의 수는 8입니다.

8 강아지가 없는 것을 수로 나타내면 0입니다.

9 8보다 1만큼 더 작은 수는 7,
　8보다 1만큼 더 큰 수는 9입니다.

10 9는 4보다 큽니다.

11 순서를 거꾸로 하여 수를 쓰면 9, 8, 7, 6, 5, 4입니다.

12 ・6은 7보다 작습니다.
　・7은 6보다 큽니다.
　➡ 두 가지 표현으로 두 수의 크기를 비교할 수 있습니다.

13 왼쪽에서부터 첫째, 둘째, 셋째 ……로 차례로 세어 보면 일곱째에 서 있는 학생은 현민입니다.

14 ㉠ 7 ㉡ 8 ㉢ 7 ㉣ 7
　➡ 나타내는 수가 다른 하나는 ㉡입니다.

15 ㉠ 선빈이는 여덟 살입니다.

16 주어진 수들을 작은 수부터 차례로 쓰면
　0, 2, 4, 5, 7, 8이므로 6보다 큰 수는 7, 8입니다.
　　　└6보다 큰 수

17 7보다 1만큼 더 작은 수는 6이므로 경선이가 만든 만두는 6개입니다.

18 2는 3보다 작으므로 초콜릿을 더 적게 가지고 있는 사람은 2개를 가지고 있는 윤수입니다.

정답과 해설

19

채점 기준		
❶ '●보다 1만큼 더 큰 수는 3입니다.'를 다른 표현으로 바꾸어 나타냄.	3점	5점
❷ ❶의 과정을 이용하여 ●를 구함.	2점	

20

채점 기준		
❶ ○를 9개 나타내어 둘째와 여섯째에 서 있는 사람을 찾음.	3점	5점
❷ 둘째와 여섯째 사이에 서 있는 사람은 모두 몇 명인지 구함.	2점	

TEST 단원 실력 평가 35~37쪽

1 5
2 일곱, 칠
3

4

다섯	☆☆☆☆☆☆☆☆☆
다섯째	☆☆☆☆☆☆☆☆☆

5

6 (예)

7 3
8 8
9 7, 5
10 ㉣
11 셋째
12 8
13 4
14 3개
15 0
16 5
17 6
18 9층
19 (예) ❶ 6, 3, 8을 큰 수부터 차례로 쓰면 8, 6, 3입니다.
❷ 가장 큰 수는 8이므로 가장 많은 것은 가위입니다.
㉠ 가위
20 (예) ❶ 4와 9 사이에 있는 수를 모두 찾으면 5, 6, 7, 8입니다.
❷ ❶에서 찾은 수 중에서 6보다 큰 수는 7, 8입니다.
따라서 ㉠과 ㉡을 만족하는 수는 7, 8입니다.
㉠ 7, 8

3 주어진 수가 5이므로 ○가 5개가 되도록 ○를 3개 더 그립니다.

4 다섯은 개수를 나타내므로 ☆ 5개를 색칠하고, 다섯째는 순서를 나타내므로 다섯째 ☆ 1개에만 색칠합니다.

6 6은 여섯이므로 차례로 세어 여섯까지 묶고, 묶지 않은 것을 세어 보면 셋(3)입니다.

7 3은 8보다 작습니다.

8 수를 순서대로 쓰면 9 바로 앞의 수는 8입니다.

9 그림의 수는 6이므로 6보다 1만큼 더 큰 수는 7이고, 6보다 1만큼 더 작은 수는 5입니다.

10 그림의 수는 9입니다.
9는 구 또는 아홉이라고 읽을 수 있으므로 그림의 수와 관계없는 것은 ㉣ 팔입니다.

11

사슴	기린	곰	개	호랑이	고양이	다람쥐	닭	쥐
첫째	둘째	셋째	넷째	다섯째	여섯째	일곱째	여덟째	아홉째

12 8 9 0 6 1 2 4 5 3
아홉째   첫째

14 주어진 수와 6을 작은 수부터 차례로 쓰면 1, 3, 5, 6, 8, 9이므로 6보다 작은 수는 3개입니다.
└─ 6보다 작은 수

15 1보다 1만큼 더 작은 수는 0입니다.

16 9부터 수를 거꾸로 써 보면 9-8-7-6-5-4-3이므로 ㉠은 5입니다.

17 어떤 수는 5보다 1만큼 더 큰 수이고, 7보다 1만큼 더 작은 수이므로 6입니다.

18 7보다 1만큼 더 큰 수는 8이므로 주하는 8층에 살고, 8보다 1만큼 더 큰 수는 9이므로 지혜는 9층에 삽니다.

19

채점 기준		
❶ 6, 3, 8의 수의 크기를 비교함.	4점	5점
❷ 가장 큰 수를 찾아 가장 많은 것을 구함.	1점	

20

채점 기준		
❶ ㉠을 만족하는 수를 모두 찾음.	2점	5점
❷ ❶에서 찾은 수 중에서 ㉡을 만족하는 수를 모두 찾음.	3점	

여러 가지 모양

STEP 1 개념 익히기   40~41쪽

1 (△)(○)(□)(△)

2
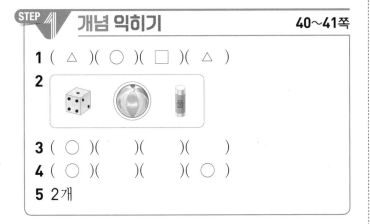

3 (○)( )( )( )
4 (○)( )( )(○)
5 2개

1 주의 개념
같은 모양을 찾을 때는 크기와 색깔은 생각하지 않음에 주의합니다.

2 주사위: ⬛ 모양, 비치볼: ○ 모양, 풀: ⬭ 모양

3 ⬛ 모양을 찾으면 전자레인지입니다.

4 ⬭ 모양을 찾으면 풀과 음료수 캔입니다.

5 ○ 모양은 농구공, 테니스공입니다. ➡ 2개

STEP 1 개념 익히기   42~43쪽

1
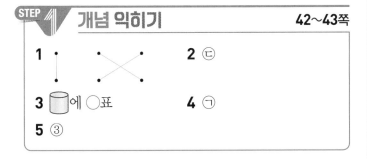

2 ㉢

3 ⬭에 ○표

4 ㉠

5 ③

1 보이는 일부분을 보고 뾰족한 부분, 둥근 부분, 평평한 부분이 보이는지 확인해 봅니다.

참고 개념
보이는 일부분에 알맞은 모양 찾기
(1) 평평한 부분과 뾰족한 부분이 모두 보입니다.
➡ ⬛ 모양
(2) 평평한 부분과 둥근 부분이 모두 보입니다.
➡ ⬭ 모양
(3) 둥근 부분만 보입니다.
➡ ○ 모양

2 평평하거나 뾰족한 부분 없이 둥근 부분만 있으므로 ○ 모양입니다.

3 평평한 부분이 있는 모양은 ⬛, ⬭ 모양이고, 이 중에서 둥근 부분이 있는 모양은 ⬭ 모양입니다.

4 평평한 부분과 뾰족한 부분이 있으므로 ⬛ 모양입니다.

5 ○ 모양은 둥근 부분만 있으므로 쌓을 수 없습니다.

참고 개념

⬛	• 잘 쌓을 수 있습니다. • 잘 굴러가지 않습니다.
⬭	• 평평한 부분으로 잘 쌓을 수 있습니다. • 눕히면 잘 굴러갑니다.
○	• 쌓을 수 없고 잘 굴러갑니다.

STEP 1 개념 익히기   44~45쪽

1 (1) ⬭에 ○표 (2) ⬛에 ○표
2 ⬛, ⬭에 ○표
3 ⬛에 ○표, 7
4 2개
5
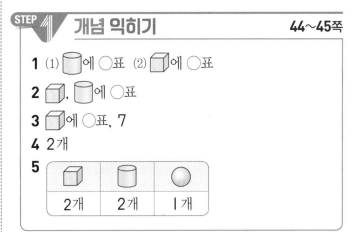

2 ⬛ 모양, ⬭ 모양을 이용하여 만든 모양입니다.

3 ⬛ 모양을 7개 이용해서 만든 모양입니다.

4 ⬛ 모양은 2개를 이용하여 만든 모양입니다.
참고 개념
⬛ 모양 2개, ⬭ 모양 4개, ○ 모양 2개를 이용하여 만든 모양입니다.

5 ⬛ 모양 2개를 쌓고, 그 위에 ⬭ 모양 2개를 놓고, 그 위에 ○ 모양 1개를 놓은 모양입니다.

STEP 2 기본 다지기　　　　46~49쪽

1 (　　)(○)(　　)
2 (　　)(　　)(○)
3 ㉢　　　　　　　　　**4** ㉠
5 ㉢
6 ⓐ 둥근 기둥 모양 / ⓐ 둥근 부분이 있고 기둥처럼 생겼기 때문입니다.
7 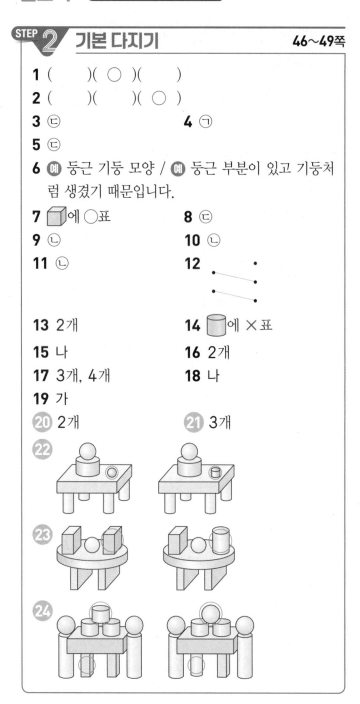에 ○표　　　**8** ㉢
9 ㉡　　　　　　　　　**10** ㉡
11 ㉡　　　　　　　　　**12**
13 2개　　　　　　　　**14** 에 ×표
15 나　　　　　　　　　**16** 2개
17 3개, 4개　　　　　　**18** 나
19 가
20 2개　　　　　　　　**21** 3개
22
23
24

1 ⬤ 모양을 찾으면 비치볼입니다.

2 모양을 찾으면 통조림 캔과 페인트 통입니다.
나무토막은 모양입니다.

3 수박, 구슬, 농구공은 ⬤ 모양입니다.

4 주사위, 과자 상자, 필통은 모양입니다.

5 모양이 아닌 것을 찾으면 ㉢ 선물 상자입니다.

6 **평가 기준**
둥근 부분과 기둥 모양임을 설명하면 정답으로 합니다.

7 경수와 미희가 가지고 있는 물건의 모양을 각각 알아보자.

경수는 ▱, ▱ 모양을 가지고 있고, 미희는 ⬤, ▱ 모양을 가지고 있습니다.
따라서 두 사람이 모두 가지고 있는 모양은 ▱ 모양입니다.

8 둥근 부분만 보이므로 ⬤ 모양이고 ⬤ 모양인 것은 ㉢ 탁구공입니다.

9 평평한 부분과 둥근 부분이 있으므로 모양입니다.

10 ㉠ 평평한 부분만 있고, 둥근 부분은 없습니다.

11 잘 쌓을 수 있지만 잘 굴러가지 않는 모양은 ▱ 모양입니다.

12 ▱ 모양은 평평한 부분과 뾰족한 부분이 있습니다.

13 오른쪽 보이는 일부분은 어떤 모양의 일부분인지 생각해 보자.

둥근 부분만 보이므로 ⬤ 모양입니다. ⬤ 모양의 물건을 찾으면 야구공, 볼링공으로 모두 2개입니다.

14 ▱ 모양 4개와 ⬤ 모양 1개로 만든 모양입니다.

15 가: ▱, ⬤ 모양을 이용하여 만들었습니다.
나: ▱, 모양을 이용하여 만들었습니다.

16 ▱ 모양: 2개, 모양: 3개, ⬤ 모양: 3개

17 ▱ 모양 3개와 ⬤ 모양 4개를 이용하여 만들었습니다.

18 가와 나의 모양을 만드는 데 이용한 모양의 개수를 각각 세어 보자.

가: 6개, 나: 3개
➡ 모양을 3개 이용하여 만든 모양은 나입니다.

19 가: 3개, 나: 2개
➡ 3이 2보다 크므로 가 모양이 ⬤ 모양을 더 많이 이용하여 만들었습니다.

㉔ 모든 방향으로 잘 굴러가는 것은 골프공, 볼링공으로 모두 **2개**입니다.

㉑ 한쪽 방향으로만 쌓을 수 있는 것은 선물 상자, 타이어, 두루마리 휴지로 모두 **3개**입니다.

㉒ 같은 위치에 있는 두 모양을 비교해 봅니다.

참고 개념

◻, ⬚, ⬤ 모양을 이용하여 만든 두 모양의 각 부분에 어떤 모양이 이용되었는지를 비교하여 서로 다른 부분을 찾습니다.

STEP 3 응용력 올리기 50~53쪽

1 ❶ 2개, 3개, 1개
　 ❷ ⬚에 ◯표

1-1 ◻에 ◯표

1-2 ◻에 ◯표

2 ❶ ◻, ⬚에 ◯표
　 ❷ ⬚, ⬤에 ◯표
　 ❸ ⬚에 ◯표

2-1 ◻에 ◯표

2-2 ⬤에 ✕표

3 ❶
◻	⬚	⬤
2개	3개	2개

　 ❷
모양	◻	⬚	⬤
㉠	2개	2개	3개
㉡	2개	3개	2개

　 ❸ ㉡

3-1 ㉠

4 ❶
◻	⬚	⬤
3개	1개	4개

　 ❷ ⬤에 ◯표, ⬚에 △표

4-1 ◻에 ◯표, ⬤에 △표

4-2 2개

---

1 ❶ **◻, ⬚, ⬤ 모양의 물건 개수 세기**
　 ◻ 모양: 벽돌, 선물 상자 ➡ 2개
　 ⬚ 모양: 참치 캔, 페인트 통, 물병 ➡ 3개
　 ⬤ 모양: 멜론 ➡ 1개
　 ❷ **가장 많은 모양 찾기**
　 3이 가장 크므로 가장 많은 모양은 ⬚ 모양입니다.

1-1 ❶ **◻, ⬚, ⬤ 모양의 물건 개수 세기**
　 ◻ 모양: 서랍장, 주사위, 휴지 상자 ➡ 3개
　 ⬚ 모양: 북 ➡ 1개
　 ⬤ 모양: 구슬, 비치볼 ➡ 2개
　 ❷ **가장 많은 모양 찾기**
　 3이 가장 크므로 가장 많은 모양은 ◻ 모양입니다.

1-2 ❶ **◻, ⬚, ⬤ 모양의 물건 개수 세기**
　 ◻ 모양: 전자레인지 ➡ 1개
　 ⬚ 모양: 통조림 통, 저금통, 케이크, 음료수 캔
　 　　　　➡ 4개
　 ⬤ 모양: 축구공, 구슬 ➡ 2개
　 ❷ **가장 적은 모양 찾기**
　 1이 가장 작으므로 가장 적은 모양은 ◻ 모양입니다.

2 ❶ **가 모양을 만드는 데 이용한 모양 알아보기**
　 가 모양을 만드는 데 이용한 모양: ◻, ⬚ 모양
　 ❷ **나 모양을 만드는 데 이용한 모양 알아보기**
　 나 모양을 만드는 데 이용한 모양: ⬚, ⬤ 모양
　 ❸ **두 모양을 만드는 데 모두 이용한 모양 알아보기**
　 두 모양을 만드는 데 모두 이용한 모양: ⬚ 모양

2-1 ❶ **왼쪽 모양을 만드는 데 이용한 모양 알아보기**
　 왼쪽 모양을 만드는 데 이용한 모양: ◻, ⬤ 모양
　 ❷ **오른쪽 모양을 만드는 데 이용한 모양 알아보기**
　 오른쪽 모양을 만드는 데 이용한 모양: ◻, ⬚ 모양
　 ❸ **두 모양을 만드는 데 모두 이용한 모양 알아보기**
　 두 모양을 만드는 데 모두 이용한 모양: ◻ 모양

2-2 ❶ **왼쪽 모양을 만드는 데 이용한 모양 알아보기**
　 왼쪽 모양을 만드는 데 이용한 모양: ◻, ⬚ 모양
　 ❷ **오른쪽 모양을 만드는 데 이용한 모양 알아보기**
　 오른쪽 모양을 만드는 데 이용한 모양: ◻, ⬚ 모양

❸ 두 모양을 만드는 데 모두 이용하지 않은 모양 알아보기

두 모양을 만드는 데 모두 이용하지 않은 모양:
⚪ 모양

3 ❶ |보기|의 각 모양의 개수 세기

⬜ 모양: 2개, 🛢 모양: 3개, ⚪ 모양: 2개

❷ ㉠과 ㉡을 만드는 데 이용한 각 모양의 개수 세기

㉠: ⬜ 모양 ➡ 2개, 🛢 모양 ➡ 2개,
⚪ 모양 ➡ 3개

㉡: ⬜ 모양 ➡ 2개, 🛢 모양 ➡ 3개,
⚪ 모양 ➡ 2개

❸ |보기|의 모양을 모두 이용하여 만든 모양 알아보기

|보기|의 모양과 각 모양의 개수가 같은 것은 ㉡입니다.

3-1 ❶ |보기|의 각 모양의 개수 세기

⬜ 모양: 3개, 🛢 모양: 1개, ⚪ 모양: 2개

❷ ㉠과 ㉡을 만드는 데 이용한 각 모양의 개수 세기

㉠: ⬜ 모양 ➡ 3개, 🛢 모양 ➡ 1개,
⚪ 모양 ➡ 2개

㉡: ⬜ 모양 ➡ 2개, 🛢 모양 ➡ 1개,
⚪ 모양 ➡ 4개

❸ |보기|의 모양을 모두 이용하여 만든 모양 알아보기

|보기|의 모양과 각 모양의 개수가 같은 것은 ㉠입니다.

4 ❶ 모양을 만드는 데 이용한 ⬜, 🛢, ⚪ 모양의 개수 세기

⬜ 모양: 3개, 🛢 모양: 1개, ⚪ 모양: 4개

❷ 가장 많이 이용한 모양과 가장 적게 이용한 모양 알아보기

4가 가장 크고 1이 가장 작으므로 가장 많이 이용한 모양은 ⚪ 모양, 가장 적게 이용한 모양은 🛢 모양입니다.

4-1 ❶ 모양을 만드는 데 이용한 ⬜, 🛢, ⚪ 모양의 개수 세기

모양을 만드는 데 이용한 ⬜ 모양은 4개, 🛢 모양은 3개, ⚪ 모양은 2개입니다.

❷ 가장 많이 이용한 모양과 가장 적게 이용한 모양 알아보기

4가 가장 크고 2가 가장 작으므로 가장 많이 이용한 모양은 ⬜ 모양, 가장 적게 이용한 모양은 ⚪ 모양입니다.

4-2 ❶ 모양을 만드는 데 이용한 ⬜, 🛢, ⚪ 모양의 개수 세기

모양을 만드는 데 이용한 ⬜ 모양은 3개, 🛢 모양은 4개, ⚪ 모양은 2개입니다.

❷ 가장 많이 이용한 모양과 가장 적게 이용한 모양 알아보기

4가 가장 크고 2가 가장 작으므로 가장 많이 이용한 모양은 🛢 모양, 가장 적게 이용한 모양은 ⚪ 모양입니다.

❸ 가장 많이 이용한 모양은 가장 적게 이용한 모양보다 몇 개 더 많은지 구하기

4는 2보다 2만큼 더 큰 수로 가장 많이 이용한 모양은 가장 적게 이용한 모양보다 2개 더 많습니다.

STEP 3 응용력 올리기 서술형 수능 대비 54~55쪽

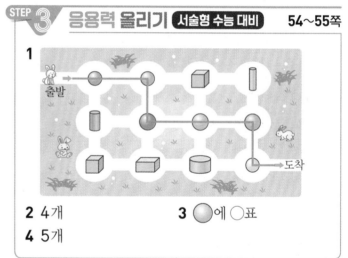

2 4개   **3** ⚪에 ◯표
4 5개

1 토끼가 출발하면서 나오는 모양이 ⚪ 모양이므로 ⚪ 모양을 따라 선을 그어 가며 미로를 통과합니다.

2 왼쪽 보이는 모양은 🛢 모양의 일부분이므로 성진이가 만든 모양에서 🛢 모양을 찾아 개수를 세어 보면 모두 4개입니다.

3 🛢 ➡ ⬜ ➡ ⚪
        └─1번─┘└─2번─┘

4 수정이는 🛢 모양을 3개 이용해서 만들고 2개가 남았습니다.

3보다 1만큼 더 큰 수: 4, 4보다 1만큼 더 큰 수: 5
➡ 수정이가 처음에 가지고 있던 🛢 모양은 모두 5개입니다.

TEST 단원 기본 평가 56~58쪽

1 ⬜에 ○표 **2** ⬜에 ○표
3 ○ **4** (○)( )
5 (○)( )(○)
6 ㉡
7 ⬜, ⬜에 ○표 **8** ○에 ×표
9 2개 **10** 5개
11 ○에 ○표 **12** 예 농구공
13 ·   · **14** 북
    ·   ·
    ·   ·
15 1개, 4개, 3개 **16** ①, ②
17

⬜	⬜	○
㉠, ㉣	㉡, ㉻	㉢, ㉤

18 ○에 ○표
19 예 ❶ 쌓았을 때 잘 쌓이는 모양은 ⬜, ⬜ 모양입니다.
❷ ⬜ 모양은 책, 나무토막이고 ⬜ 모양은 타이어, 롤케이크로 모두 4개입니다.
답 4개
20 예 ❶ 모양을 만드는 데 이용한 ⬜ 모양은 5개, ⬜ 모양은 1개, ○ 모양은 2개입니다.
❷ 5가 가장 크므로 가장 많이 이용한 모양은 ⬜ 모양입니다.
답 ⬜에 ○표

---

1 평평하고 둥근 부분이 있으므로 ⬜ 모양입니다.

3 저금통은 ⬜ 모양이므로 바르게 말한 것입니다.

4 과자 상자는 ⬜ 모양입니다.

5 물통 ➡ ⬜ 모양, 캔 ➡ ⬜ 모양

6 ㉡ 김밥은 ⬜ 모양입니다.

7 모양을 만드는 데 이용한 모양은 ⬜, ⬜ 모양입니다.

8 모양을 만드는 데 이용한 모양은 ⬜, ⬜ 모양이므로 이용한 모양이 아닌 것은 ○ 모양입니다.

---

9 ⬜ 모양인 것: 두루마리 휴지, 음료수 캔 ➡ 2개

10 모양을 만드는 데 이용한 ⬜ 모양은 모두 5개입니다.

11 둥근 부분만 있어서 모든 방향으로 잘 굴러가는 것은 ○ 모양입니다.

12 구슬, 축구공, 수박과 같이 둥근 모양을 찾을 수 있습니다.

13 선물 상자: ⬜ 모양, 주사위: ⬜ 모양, 지구본: ○ 모양
보이는 일부분이 뾰족한 부분인지, 둥근 부분인지, 평평한 부분인지를 알아보고 ⬜, ⬜, ○ 모양의 물건과 이어 봅니다.

14 캔은 ⬜ 모양이므로 ⬜ 모양의 물건을 찾으면 북입니다.

참고 개념
전자레인지: ⬜ 모양, 볼링공: ○ 모양

16 평평하고 뾰족한 부분이 보이므로 ⬜ 모양의 일부분입니다.
① ⬜ 모양에 대한 설명입니다.
② ⬜, ⬜ 모양에 대한 설명입니다.
④ ⬜ 모양에 대한 설명입니다.
③, ⑤ ○ 모양에 대한 설명입니다.

17 크기와 색깔은 생각하지 않고 전체적인 모양이 같은 것을 찾습니다.

18 왼쪽 모양을 만드는 데 이용한 모양: ⬜, ○ 모양
오른쪽 모양을 만드는 데 이용한 모양: ⬜, ○ 모양
➡ 두 모양을 만드는 데 모두 이용한 모양: ○ 모양

19 채점 기준

❶ 쌓았을 때 잘 쌓이는 모양을 바르게 구함.	2점	
❷ 쌓았을 때 잘 쌓이는 모양의 개수를 바르게 구함.	3점	5점

20 채점 기준

❶ 모양을 만드는 데 이용한 각 모양의 개수를 바르게 구함.	2점	
❷ 가장 많이 이용한 모양을 바르게 구함.	3점	5점

정답과 해설

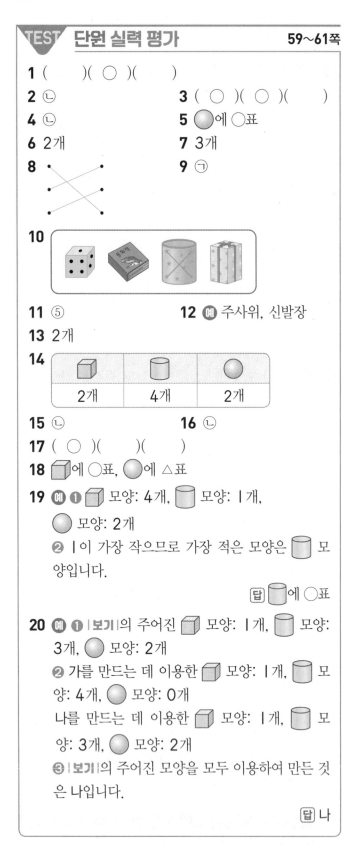

TEST 단원 실력 평가 59~61쪽

1 ( )(○)( )

2 ㉡

3 (○)(○)( )

4 ㉡

5 ⬭에 ○표

6 2개

7 3개

8 [선으로 잇기]

9 ㉠

10 [주사위, 동화책, 원통, 선물 상자 그림]

11 ⑤

12 예 주사위, 신발장

13 2개

14

⬜	⬛	⚫
2개	4개	2개

15 ㉡

16 ㉡

17 (○)( )( )

18 ⬜에 ○표, ⚫에 △표

19 예 ❶ ⬜ 모양: 4개, ⬛ 모양: 1개, ⚫ 모양: 2개
❷ 1이 가장 작으므로 가장 적은 모양은 ⬛ 모양입니다.

답 ⬛에 ○표

20 예 ❶ 보기의 주어진 ⬜ 모양: 1개, ⬛ 모양: 3개, ⚫ 모양: 2개
❷ 가를 만드는 데 이용한 ⬜ 모양: 1개, ⬛ 모양: 4개, ⚫ 모양: 0개
나를 만드는 데 이용한 ⬜ 모양: 1개, ⬛ 모양: 3개, ⚫ 모양: 2개
❸ 보기의 주어진 모양을 모두 이용하여 만든 것은 나입니다.

답 나

8 모양의 특징을 생각하며 어떤 모양인지 찾아 선으로 잇습니다.

9 둥근 부분만 보이므로 ⚫ 모양입니다. ➡ ㉠

참고 개념
㉡ 물통: ⬛ 모양 ㉢ 주사위: ⬜ 모양

10 주사위, 동화책, 선물 상자는 ⬜ 모양이고, 휴지통은 ⬛ 모양입니다.
따라서 잘못 모은 물건은 휴지통입니다.

11 ①, ②, ③, ④는 모두 ⚫ 모양입니다.
⑤는 ⬛ 모양입니다.

12 평평한 부분과 뾰족한 부분이 있으므로 ⬜ 모양입니다.
⬜ 모양을 찾으면 주사위, 신발장, 필통, 사물함…… 등이 있습니다.

13 굴려 보았을 때 한쪽 방향으로만 잘 굴러가는 모양은 ⬛ 모양입니다.
⬛ 모양은 풀, 꽁치 캔으로 모두 2개입니다.

14 ⬛ 모양 4개 위에 ⬜ 모양 2개를 놓고 ⚫ 모양 2개를 놓아 만든 모양입니다.

15 ㉠: ⬜, ⚫ 모양을 이용하여 만들었습니다.
㉡: ⬜ 모양만 이용하여 만들었습니다.
➡ 한 가지 모양만 이용하여 만든 모양은 ㉡입니다.

16 ⬜ 모양을 ㉠은 4개, ㉡은 3개 이용하여 만들었습니다.

17 평평한 부분이 있는 것은 ⬜ 모양과 ⬛ 모양입니다.
⬜ 모양은 평평한 부분만 있어 어느 방향으로든 쉽게 쌓을 수 있습니다.

18 모양을 만드는 데 이용한 ⬜ 모양은 4개, ⬛ 모양은 3개, ⚫ 모양은 1개입니다.
4가 가장 크고 1이 가장 작으므로 가장 많이 이용한 모양은 ⬜ 모양, 가장 적게 이용한 모양은 ⚫ 모양입니다.

19

🖊 채점 기준		
❶ 각 모양의 물건의 개수를 바르게 구함.	3점	5점
❷ 개수가 가장 적은 모양을 바르게 구함.	2점	

20

🖊 채점 기준		
❶ 보기의 각 모양의 개수를 바르게 구함.	1점	5점
❷ 가와 나를 만드는 데 이용한 모양의 개수를 각각 바르게 구함.	2점	
❸ 보기의 모양을 모두 이용하여 만든 모양을 바르게 구함.	2점	

덧셈과 뺄셈

1 (1) 2 (2) 7
2 (1) 2, 2 (2) 2, 3
3 (1) I (2) 3
4 (1) ○○○○○○ / 6 (2) ○○○ / 3
5 ( )(○)

2 (1) 참외 4개는 2개와 2개로 가르기 할 수 있습니다.
(2) 지우개 5개는 2개와 3개로 가르기 할 수 있습니다.

3 (1) 배추 3포기는 2포기와 I포기로 가르기 할 수 있습니다.
(2) 배추 I포기와 2포기를 모으기 하면 배추 3포기가 됩니다.

5 • 왼쪽 그림: 그림에서 왼쪽의 점 3개와 오른쪽의 점 3개를 모으기 하면 점 6개가 됩니다.
• 오른쪽 그림: 그림에서 왼쪽의 점 2개와 오른쪽의 점 6개를 모으기 하면 점 8개가 됩니다.

1 (1) 3 (2) (위에서부터) 5, 2
2 (위에서부터) 7, 7, 3
3 (1) 4 (2) 5
4 ( )(○)
5 (교차선 그림)

3 (1) I과 3을 모으기 하면 4가 됩니다.
(2) 8은 5와 3으로 가르기 할 수 있습니다.

4 6은 0과 6, I과 5, 2와 4, 3과 3, 4와 2, 5와 I, 6과 0으로 가르기 할 수 있습니다.

5 I과 8, 7과 2를 모으기 하면 9가 됩니다.

참고 개념
0과 9, 1과 8, 2와 7, 3과 6, 4와 5, 5와 4, 6과 3, 7과 2, 8과 1, 9와 0을 모으기 하면 9가 됩니다.

1 3, 4
2 4 / I, 4 / 3, 4
3 4, 8
4 ( )(○)
5 (교차선 그림)
6 I, 8 / I, 8

4 파인애플 2개와 2개를 더하면 모두 4개이므로 2+2=4입니다.

5 • 리본 5개와 2개를 더하면 모두 7개이므로 5+2=7입니다.
• 물고기 4마리와 2마리를 더하면 모두 6마리이므로 4+2=6입니다.

6 점 I개와 7개를 더하면 모두 8개입니다.
➡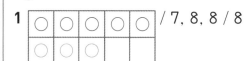
I 더하기 7은 8과 같습니다.

1 ○○○○○ ○○○○ / 7, 8, 8 / 8
2 (1) 8 / 8 (2) 9 / 5, 9
3 • 4+3=☐
• 2+3= 5
4 (1) 6 / 예 ○○○○○ ○
(2) 8 / 예 ○○○○○ ○○○
5 8+1=9 (또는 I+8=9)

2 (1) I과 7을 모으기 하면 8이 됩니다. ➡  I+7=8
(2) 4와 5를 모으기 하면 9가 됩니다. ➡ 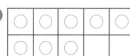 4+5=9

4 (1) ○ 3개를 그리고 ○ 3개를 이어서 그린 다음 전체 ○의 수를 세어 보면 6개입니다.

(2) ○ 6개를 그리고 ○ 2개를 이어서 그린 다음 전체 ○의 수를 세어 보면 8개입니다.

5 8과 1을 모으기 하면 9가 되므로 새우 8마리와 고래 1마리를 더하면 9마리가 됩니다.

STEP 2 기본 다지기 72~77쪽

1 (위에서부터) 5, 2, 3

2 (위에서부터) 3, 5, 8 / ○○○○○

3 (위에서부터) 5, 9   **4** 4개

5 1마리   **6** 1, 5 / 2, 4

7 ( )(×)

8  / 4, 3, 2, 1

9

3	6	8
8	3	8
2	8	4
7	2	5

10 (○)( )( )

11 2, 4   **12** 8

13 3, 2, 5

14 나뭇가지에 새 4마리가 앉아 있었는데 1마리가 더 날아와서 새는 모두 5마리가 되었습니다.

15 2, 3 / 3   **16** ( )(○)

17 7, 8

18 4+2=6 (또는 2+4=6)

19 3+4=7   **20** 5+4=9

21 3+3=6 / 예 3 더하기 3은 6과 같습니다.

22 3 / 2, 3

23 예 □□□□□ / 2, 7

24 (1) 8 (2) 9   **25** ㉠

26 예 4+1=5   **27** 예 1, 3

28 5   **29** 3+3에 색칠

30 5+4=9   **31** 6, 1

32 4+4=8, 8명

33 (왼쪽부터) 7, 4   **34** (왼쪽부터) 4, 9

35 (위에서부터) 4, 2   **36** 4

37 4   **38** 2

3 빨간색 크레파스 5개와 파란색 크레파스 4개를 모으기 하면 크레파스는 9개가 됩니다.

4 양손에 있는 동전의 수를 모두 세어 보자.

왼손: 2개, 오른손: 2개
➡ 2와 2를 모으기 하면 4가 되므로 동전은 모두 4개입니다.

5 사자 7마리는 사자 6마리와 1마리로 가르기 할 수 있습니다.

6 6은 1과 5, 2와 4, 3과 3, 4와 2, 5와 1로 가르기 할 수 있습니다.
분홍색 접시에 더 많게 가르기를 하려면 초록색 접시와 분홍색 접시에 각각 1과 5, 2와 4로 가르기 해야 합니다.

9 모으기 하여 9가 되는 두 수는 3과 6, 6과 3, 2와 7, 7과 2, 4와 5입니다.

10 2와 3을 모으기 하면 5, 1과 5를 모으기 하면 6, 1과 1을 모으기 하면 2가 됩니다.

11 0과 6, 1과 5, 2와 4, 3과 3, 4와 2, 5와 1, 6과 0을 모으기 하면 6이 됩니다.

12 가르기를 하여 ㉠을 구하고 모으기를 하여 ㉡을 구하자.

• 9는 1과 8로 가르기 할 수 있습니다. → ㉠=8
• 4와 3을 모으기 하면 7이 됩니다. → ㉡=7
➡ 8은 7보다 더 큽니다.

16 3+5=8은 '3과 5의 합은 8입니다.'라고 읽어야 합니다.

17 왼쪽의 점 7개와 오른쪽의 점 1개를 더하면 점은 모두 8개입니다.

18 4와 2를 모으기 하면 6이 되므로 초록색 사과 4개와 빨간색 사과 2개를 더하면 6개가 됩니다.

21 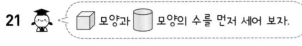 ▢ 모양과 ▢ 모양의 수를 먼저 세어 보자.

▢ 모양: 3개, ▢ 모양: 3개 ➡ 3+3=6

참고 개념
3+3=6은 '3과 3의 합은 6입니다.'라고 읽을 수도 있습니다.

23 봉지 속에 참외가 5개 있고, 2개를 더 넣으면 7개가 되므로 ○를 7개 그립니다.
➡ 5+2=7

25 ㉠ 7+2=9 ➡ □=9
㉡ 6+1=7 ➡ □=7
➡ □ 안에 들어갈 수가 9인 것은 ㉠입니다.

26 ●는 모두 5개이므로 합이 5인 덧셈식을 만듭니다.
➡ 1+4=5, 2+3=5, 3+2=5, 4+1=5

27 합이 4가 되는 덧셈식:
1+3=4, 2+2=4, 3+1=4

28 8은 3과 5로 가르기 할 수 있으므로 5+3=8이고 □=5입니다.

29 4+1=5, 3+3=6
➡ 6은 5보다 큽니다.

30 '더 많은'은 더하기(+)로 나타내자.
(현서의 나이)=(시후의 나이)+4
=5+4=9(살)

31 ·1+□=7 ➡ 1+6=7이므로 □=6입니다.
·6+□=7 ➡ 6+1=7이므로 □=1입니다.

32 '모두'이므로 덧셈식으로 나타내자.
(여자 어린이의 수)+(남자 어린이의 수)
=4+4=8(명)

㉝ 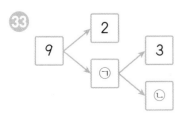 9는 2와 7로 가르기 할 수 있으므로 ㉠은 7입니다.
7은 3과 4로 가르기 할 수 있으므로 ㉡은 4입니다.

㉞ 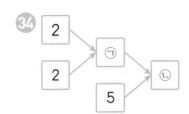 2와 2를 모으기 하면 4가 되므로 ㉠은 4입니다.
4와 5를 모으기 하면 9가 되므로 ㉡은 9입니다.

㉟ 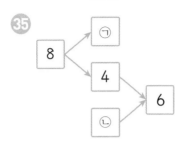 8은 4와 4로 가르기 할 수 있으므로 ㉠은 4입니다.
4와 모으기 하여 6이 되는 수는 2이므로 ㉡은 2입니다.

㊱ 어떤 수를 □라 하면 3+□=7입니다.
➡ 7은 3과 4로 가르기 할 수 있으므로 3+4=7이고 □=4입니다.

㊲ 어떤 수를 □라 하면 1+□=5입니다.
➡ 5는 1과 4로 가르기 할 수 있으므로 1+4=5이고 □=4입니다.

㊳ 5보다 1만큼 더 큰 수는 6입니다.
어떤 수를 □라 하면 4+□=6입니다.
➡ 6은 4와 2로 가르기 할 수 있으므로 4+2=6이고 □=2입니다.

STEP 1 개념 익히기 **78~79쪽**

1 1, 6
2 (○)
   (   )
3 3, 5, 2
4 [선 잇기]
5 3 / 5, 차, 3

4 · 새 7마리 중에서 3마리가 날아가서 4마리 남았습니다. ➡ 7-3=4
· 양 5마리와 사슴 4마리의 수를 비교하면 양이 1마리 더 많습니다. ➡ 5-4=1

17

1 예 ○○○○○⊘⊘ / 5

2 5 / 5   **3** (1) 3 / 3 (2) 2 / 2

4 •   • $5-2=$ 3
     •   • $9-4=$ 5

5 예 [○ ○ ○ / ⊘ ⊘ ⊘] / 3

6 예 $5-2=3$

4 • 새 5마리 중에서 2마리가 날아가고 남은 새는
3마리입니다. ➡ $5-2=3$
• 조개 9개는 진주 4개보다 5개 더 많습니다.
➡ $9-4=5$

5 빵 틀 6개 중 3개가 비어 있으므로 ○ 6개에서 3개
를 /으로 지우면 ○ 3개가 남습니다.
➡ $6-3=3$

6 우유 5컵과 주스 2컵의 차는 3컵입니다.
➡ $5-2=3$

참고 개념
$7-5=2$, $7-2=5$도 답이 될 수 있습니다.

1 8, 8 / 8, 8   **2** 3, 3 / 0, 0

3 6, 6   **4** 7, 7

5 (1) 1 (2) 9 (3) 5 (4) 0

6 • •
     • •
     • •

3 왼쪽에는 옥수수가 6개 있고, 오른쪽에는 옥수수가
없으므로 옥수수는 6개입니다. ➡ $6+0=6$

4 참새 7마리에서 한 마리도 빼지 않았으므로 7마리
가 그대로 남아 있습니다. ➡ $7-0=7$

6 $2+0=2$, $0+6=6$, $0+0=0$
$8-8=0$, $2-0=2$, $6-0=6$

1 (1) 6, 7 (2) 3, 2

2 (1) +에 ○표 (2) −에 ○표

3 (1) 4, 1, 6 (2) 2, 3, 4

4 (1) + (2) −

5 $0+7=$ 7 • • $9-0=$ 9
     $2+6=$ 8 • • $9-1=$ 8
     $4+5=$ 9 • • $9-2=$ 7

3 (1) 두 수를 더해서 6이 되는 식은 $4+2=6$,
$5+1=6$, $6+0=6$입니다.
(2) 같은 두 수의 차는 0입니다.

4 (1) 왼쪽 두 수(2, 4)보다 결과(6)가 크므로 □ 안에
알맞은 기호는 +입니다.
(2) 가장 왼쪽의 수(8)보다 결과(3)가 작으므로
□ 안에 알맞은 기호는 −입니다.

1 8, 4, 4

2 토끼는 3마리, 거북은 2마리 있으므로 토끼가 거
북보다 1마리 더 많습니다.

3 3, 3 / 3, 3   **4** ㉠

5 예 2, 3   **6** 예 $8-6=2$

7 $9-5=4$

8 $4-1=3$ / 예 4 빼기 1은 3과 같습니다.

9 3 / 3

10 예 [• • • • •] / 예 4, 1

11 ㉠, 5   **12** 지유

13 예 $8-3=5$ / 예 $5-3=2$

14 예 [윤기 • • • • • • / 정국 • • • • • •] / 2컵

15 2 / 2개   **16** 예 6, 1 / 7, 2

17 📦 6−4　　　　　**18** 4, 0

19 📦 7+0=7

20
$0+9=\boxed{9}$ • 　　• $0+0=\boxed{0}$

$8-8=\boxed{0}$ • 　　• $9-0=\boxed{9}$

21 0+6에 ◯표

22 7　　　　　　　　**23** 9

24 0, 0 / 📦 6, 6

25 ⑴ 5, 6, 7　⑵ 2, 1, 0

26 9−7에 색칠　　　**27** 지호

28 −　　　　　　　**29** 5−3=2

30 ㉡　　　　　　　**31** 7−5=2, 2명

㉜ 📦 1+5=6　　　㉝ 📦 8−5=3

㉞ 📦 4+3=7 / 📦 7−4=3

㉟ 6−2=4, 4자루　　㊱ 9살

7 도토리 9개 중에서 5개를 덜어 냈으므로
9−5=4입니다.

8 ⬭ 모양: 4개, ⬛ 모양: 1개 ➡ 4−1=3

> **참고 개념**
> 4−1=3은 '4와 1의 차는 3입니다.'라고 읽을 수도 있습니다.

14 주황색 🔴 9개와 초록색 🟢 7개를 하나씩 짝 지어 보면 주황색 🔴이 2개 남습니다.
➡ 윤기가 정국이보다 물을 9−7=2(컵) 더 많이 마셨습니다.

15 4는 2와 2로 가르기 할 수 있으므로 동생은 4−2=2(개)를 가집니다.

16 차가 5가 되는 뺄셈식은 6−1=5, 7−2=5, 8−3=5, 9−4=5가 있습니다.

17 👨‍🎓 [주어진 뺄셈식을 먼저 계산해 보자.]
차가 2가 되는 뺄셈식을 씁니다.

18 연필 4자루를 모두 꺼냈으므로 연필꽂이에 남아 있는 연필은 0자루입니다.

21 👨‍🎓 [주어진 식을 계산하여 결과를 비교해 보자.]
0+6=6, 1+7=8, 8+0=8

22 큰 수부터 차례대로 쓰면 7, 5, 0입니다.
가장 큰 수: 7, 가장 작은 수: 0
➡ 7−0=7

23 큰 수부터 차례대로 쓰면 9, 4, 0입니다.
가장 큰 수: 9, 가장 작은 수: 0
➡ 9+0=9

24 • 두 수를 더해서 0이 되는 경우는 0+0입니다.
• 어떤 수에서 어떤 수를 빼면 0이 됩니다.

26 빼지는 수가 9로 같으므로 빼는 수가 가장 작은 9−7의 차가 가장 큽니다.

> **다른 풀이**
> 9−9=0, 9−8=1, 9−7=2
> ➡ 2가 가장 크므로 차가 가장 큰 것은 9−7입니다.

27 더해지는 수가 6으로 같으므로 더하는 수가 가장 큰 6+3의 합이 가장 큽니다.

28 4+3=7, 4−3=1

> **참고 개념**
> 계산 결과가 커졌으면 +, 계산 결과가 작아졌으면 −입니다.

29 딸기 5개 중에서 3개를 먹었으므로 남은 딸기는 5−3=2(개)입니다.

30 ㉠ 9−5=□ ➡ 9−5=4이므로 □=4입니다.
㉡ □−1=4 ➡ 5−1=4이므로 □=5입니다.

㉜ 3장의 수 카드 중 가장 큰 수를 계산 결과에 놓아 덧셈식을 만듭니다.
➡ 1+5=6(또는 5+1=6)

㉝ 뺄셈식은 가장 큰 수에서 두 수를 각각 빼서 만듭니다.
➡ 8−5=3(또는 8−3=5)

㉞ • 세 수로 만들 수 있는 덧셈식:
　 4+3=7, 3+4=7
• 세 수로 만들 수 있는 뺄셈식:
　 7−4=3, 7−3=4

㊱ (동생의 나이)=(도윤이의 나이)−2
　　　　　　 =8−2=6(살)
(형의 나이)=(동생의 나이)+3
　　　　　 =6+3=9(살)

1 ❶ 4, 3, 2, 1	❷ 4가지
1-1 6가지	**1-2** 2가지
2 ❶ 3컵	❷ 9컵
2-1 8개	**2-2** 7컵
3 ❶ 9, 1	❷ 8
3-1 6	**3-2** 8−1=7
4 ❶ 6	❷ 9
4-1 6	**4-2** 5

1 ❶ 희수와 동생이 나누어 가지는 방법 알아보기

❷ 나누어 가지는 방법은 모두 몇 가지인지 구하기
희수와 동생이 나누어 가지는 방법은 모두 4가지입니다.

1-1 ❶ 지민이와 선호가 나누어 가지는 방법 알아보기

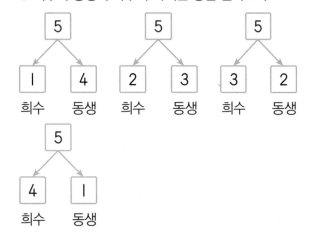

❷ 지민이와 선호가 나누어 가지는 방법은 모두 몇 가지인지 구하기
지민이와 선호가 지우개를 나누어 가지는 방법은 모두 6가지입니다.

1-2 ❶ 성재와 유미가 나누어 가지는 방법 알아보기

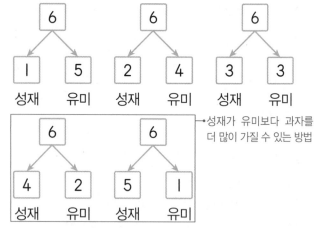

→성재가 유미보다 과자를 더 많이 가질 수 있는 방법

❷ 성재가 유미가 더 많이 가질 수 있는 방법은 모두 몇 가지인지 구하기
성재가 유미보다 과자를 더 많이 가질 수 있는 방법은 모두 2가지입니다.

2 ❶ 희정이가 마신 물의 양 구하기
(희정이가 마신 물의 양)=6−3=3(컵)
❷ 선우와 희정이가 마신 물의 양 구하기
(선우와 희정이가 마신 물의 양)=6+3=9(컵)

2-1 ❶ 태형이가 먹은 딸기의 수 구하기
(태형이가 먹은 딸기의 수)=5−2=3(개)
❷ 석진이와 태형이가 먹은 딸기의 수 구하기
(석진이와 태형이가 먹은 딸기의 수)
=5+3=8(개)

2-2 ❶ 현주와 남준이가 각각 마신 우유의 양 구하기
(현주가 마신 우유의 양)=1+2=3(컵)
(남준이가 마신 우유의 양)=2+2=4(컵)
❷ 현주와 남준이가 마신 우유의 양 구하기
(현주와 남준이가 마신 우유의 양)=3+4=7(컵)

3 ❶ 가장 큰 수와 가장 작은 수 구하기
큰 수부터 차례대로 쓰면 9, 8, 4, 2, 1이므로 가장 큰 수는 9이고, 가장 작은 수는 1입니다.
❷ 차가 가장 큰 뺄셈식의 계산 결과 구하기
차가 가장 큰 뺄셈식은 가장 큰 수에서 가장 작은 수를 빼면 됩니다. ➡ 9−1=8

3-1 ❶ 가장 큰 수와 가장 작은 수 구하기
차가 가장 큰 뺄셈식은 가장 큰 수에서 가장 작은 수를 빼면 됩니다. 큰 수부터 차례대로 쓰면 8, 6, 5, 4, 2이므로 가장 큰 수는 8이고, 가장 작은 수는 2입니다.

❷ **차가 가장 큰 뺄셈식의 계산 결과 구하기**
차가 가장 큰 뺄셈식은 8−2=6입니다.

3-2 ❶ **가장 큰 수와 가장 작은 수 구하기**
두 수의 차가 가장 크려면 (가장 큰 수)−(가장 작은 수)
여야 합니다. 큰 수부터 차례대로 쓰면 8, 7, 5, 4,
3, 1이므로 가장 큰 수는 8이고, 가장 작은 수는 1
입니다.

❷ **차가 가장 큰 뺄셈식 만들기**
차가 가장 큰 뺄셈식은 8−1=7입니다.

4 ❶ **▲에 알맞은 수 구하기**
■+■=▲ ➡ 3+3=6이므로 ▲=6입니다.

❷ **★에 알맞은 수 구하기**
★−▲=■이므로 ★−6=3입니다.
➡ 9−6=3이므로 ★=9입니다.

4-1 ❶ **●에 알맞은 수 구하기**
▲+▲=●➡ 2+2=4이므로 ●=4입니다.

❷ **★에 알맞은 수 구하기**
★−▲=●이므로 ★−2=4입니다.
➡ 6−2=4이므로 ★=6입니다.

4-2 ❶ **●에 알맞은 수 구하기**
1+●=9에서 1과 더해서 9가 되는 수는 8이므
로 1+8=9, ●=8입니다.

❷ **★에 알맞은 수 구하기**
●−★=3이므로 8−★=3입니다.
➡ 8−5=3이므로 ★=5입니다.

STEP 3 응용력 올리기 서술형 수능 대비 **96~97쪽**

1 1, 2	**2** 📖 1, 8 / 2, 7
3 5대	**4** 7, 6, 5

1 1+2=3이므로 합이 3이 되는 두 개의 버튼의 수
는 1과 2입니다.

2 0+9=9, 1+8=9, 2+7=9, 3+6=9,
4+5=9, 5+4=9, 6+3=9, 7+2=9,
8+1=9, 9+0=9 중 2가지를 씁니다.

3 택시 정류장에 택시가 6대 있었는데 2대가 승객을
태우고 출발했으므로 남아 있는 택시는 6−2=4(대)
입니다. 출발했던 택시 중 1대가 다시 돌아왔으므로
지금 택시 정류장에 있는 택시는 4+1=5(대)입니다.

---

4 준수네 가족이 먹은 파전의 수를 □장이라 하면
9−□=2 ➡ 9−7=2이므로 □=7,
8−□=2 ➡ 8−6=2이므로 □=6,
7−□=2 ➡ 7−5=2이므로 □=5입니다.

TEST 단원 기본 평가 **98~100쪽**

1 4	**2** ( )(○)
3 4	**4** 6−4=2에 색칠
5 4 / 4	

6 8 / 📖

○	○	○	○	○
○	○	○		

7 0+4=4	**8** ( )( )(○)
9 7, 5	

10 8 / 2+6=8 / 📖 2와 6의 합은 8입니다.

11 3, 4, 1	**12** −
13 9−2=7, 7개	**14** 0, 5, 4, 3

15

3	5	6	4
5	2	5	4

16 3개	**17** 9−3=6 / 9−6=3
18 9	

19 📖 ❶

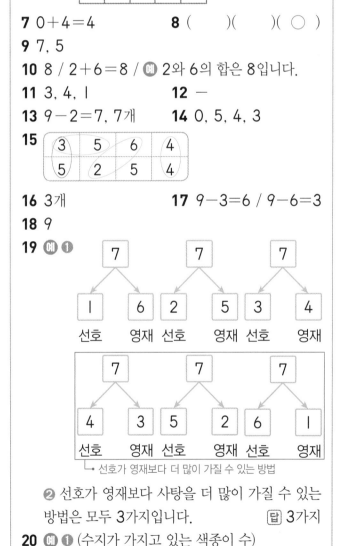

└ 선호가 영재보다 더 많이 가질 수 있는 방법

❷ 선호가 영재보다 사탕을 더 많이 가질 수 있는
방법은 모두 3가지입니다. 답 3가지

20 📖 ❶ (수지가 가지고 있는 색종이 수)
=2+2=4(장)
❷ (서진이와 수지가 가지고 있는 색종이 수)
=2+4=6(장) 답 6장

2 5는 2와 3으로 가르기 할 수 있습니다.

3 귤 5개 중에서 1개를 먹으면 귤 4개가 남습니다.
➡ 5−1=4

4 참새 6마리 중에서 4마리가 날아가서 참새 2마리
가 남았습니다.
➡ 6−4=2

5 9는 5와 4로 가르기 할 수 있습니다.
➡ 9−5=4

6 ○를 4개 그린 후 4개를 더 그리면 8개가 됩니다.
➡ 4+4=8

8 0+7=7, 7−0=7, 7−7=0

10 2+6=8은 '2 더하기 6은 8과 같습니다.'라고 읽
을 수도 있습니다.

12 가장 왼쪽의 수(8)보다 결과(6)가 작으므로 □ 안에
알맞은 기호는 −입니다.

13 (남은 수첩 수)=9−2=7(개)

14 두 수의 합이 6이 되는 덧셈식을 씁니다.
➡ 0+6=6, 1+5=6, 2+4=6, 3+3=6

15 3과 5, 2와 6, 4와 4를 모으기 하면 8이 됩니다.

16 ▢ 모양: 6개, ◯ 모양: 3개
➡ 6−3=3(개)

17 가장 큰 수에서 나머지 두 수를 각각 빼서 뺄셈식을
2개 만듭니다.

18 7−2=5입니다.
4+㉠=5에서 4+1=5이므로 ㉠=1입니다.
㉡−3=5에서 8−3=5이므로 ㉡=8입니다.
➡ ㉠+㉡=1+8=9

19 🖊 **채점 기준**

❶ 선호와 영재가 나누어 가지는 방법을 바르게 구함.	2점	
❷ 선호가 영재보다 더 많이 가지는 방법은 모두 몇 가지인지 바르게 구함.	3점	5점

20 🖊 **채점 기준**

❶ 수지가 가지고 있는 색종이 수를 바르게 구함.	2점	
❷ 서진이와 수지가 가지고 있는 색종이 수를 바르게 구함.	3점	5점

TEST 단원 실력 평가 101~103쪽

1 7 / 5   **2** (×)( )
3 (○)   **4** ㉠
( )
5 1 / 예 7 빼기 6은 1과 같습니다.
6

7

8 2, 3   **9** ⑴ 0 ⑵ 0
10 9−3에 ○표   **11** 6장
12 ㉡   **13** 5−5=0, 0개
14 8−3=5
15 (○)( )( )
16 5   **17** 9쪽
18 ㉣
19 예 ❶ ◆+◆=● ➡ 1+1=2이므로 ●=2
입니다.
❷ ●+▲=7이므로 2+▲=7입니다.
➡ 2+5=7이므로 ▲=5입니다.   🗝 5
20 예 ❶ 차가 가장 크려면 가장 큰 수에서 가장 작
은 수를 빼야 합니다. 큰 수부터 차례대로 쓰면
8, 6, 2, 1이므로 가장 큰 수는 8이고, 가장 작
은 수는 1입니다.
❷ 차가 가장 큰 뺄셈식은 8−1=7입니다.
🗝 8−1=7

5 7−6=1은 '7과 6의 차는 1입니다.'라고 읽을 수
도 있습니다.

6 9−1=8, 4+5=9

7 6은 0과 6, 1과 5, 2와 4, 3과 3, 4와 2, 5와
1, 6과 0으로 가르기 할 수 있습니다. 그중 6을 똑
같이 가르기 하는 방법은 3과 3이므로 접시에 ○를
각각 3개씩 그립니다.

8 $7-5=2$, $2+1=3$

9 (1) (어떤 수)$+0=$(어떤 수)
   (2) (어떤 수)$-0=$(어떤 수)

10 $5-0=5$, $6-1=5$, $9-3=6$

11 4와 2를 모으기 하면 6이 되므로 두 사람이 가지고 있는 색종이는 모두 6장이 됩니다.

12 ㉠ 점의 수가 2와 6이므로 점의 수의 차는
   $6-2=4$입니다.
   ㉡ 점의 수가 4와 3이므로 점의 수의 차는
   $4-3=1$입니다.

13 (남은 초콜릿 수)
   $=$(처음에 있던 초콜릿 수)$-$(먹은 초콜릿 수)
   $=5-5=0$(개)

15 계산 결과가 가장 왼쪽의 수보다 커지면 $+$, 작아지면 $-$가 들어갑니다.
   $3\boxed{+}2=5$, $9\boxed{-}4=5$, $6\boxed{-}1=5$

16 9는 1과 8로 가르기 할 수 있고, 8은 3과 5로 가르기 할 수 있습니다.
   ➡ ◆$=5$

17 (도윤이가 오늘 읽은 동화책 쪽수)$=5-1=4$(쪽)
   ➡ (지유와 도윤이가 오늘 읽은 동화책 쪽수)
     $=5+4=9$(쪽)

18 ㉠ $0+\boxed{5}=5$ ㉡ $\boxed{6}-0=6$
   ㉢ $\boxed{7}+1=8$ ㉣ $\boxed{9}-2=7$
   ➡ □ 안에 들어갈 수가 가장 큰 수는 ㉣입니다.

19

◀ 채점 기준		
❶ ●에 알맞은 수를 구함.	2점	5점
❷ ▲에 알맞은 수를 구함.	3점	

20

◀ 채점 기준		
❶ 가장 큰 수와 가장 작은 수를 바르게 구함.	2점	5점
❷ 차가 가장 큰 뺄셈식을 만듦.	3점	

---

9 비교하기

1 (1) 짧습니다에 ○표 (2) 깁니다에 ○표
2 ( )   **3** ( )
   (○)   (△)
4 젓가락, 숟가락
5 ( )   **6** ㉠
   (○)
   (△)

1 (1) 왼쪽 끝이 맞추어져 있으므로 오른쪽이 모자란 머리핀이 빗보다 더 짧습니다.
   (2) 왼쪽 끝이 맞추어져 있으므로 오른쪽이 남는 빗이 머리핀보다 더 깁니다.

> **참고 개념**
> • 길이 비교하기
> 한쪽 끝을 맞추어 맞대었을 때 다른 쪽이 더 많이 남는 것이 더 깁니다.
>
>
> 더 길다
> 더 짧다
> ➡ 오른쪽 끝이 맞추어져 있으므로 왼쪽을 비교합니다.
>
>
> 더 길다
> 더 짧다
> ➡ 왼쪽 끝이 맞추어져 있으므로 오른쪽을 비교합니다.

2 왼쪽 끝이 맞추어져 있으므로 오른쪽을 비교하면 아래 끈이 위 끈보다 더 깁니다.

3 오른쪽 끝이 맞추어져 있으므로 왼쪽을 비교하면 파란색 줄넘기가 빨간색 줄넘기보다 더 짧습니다.

4 왼쪽 끝이 맞추어져 있으므로 오른쪽을 비교하면 젓가락은 숟가락보다 더 깁니다.

5 왼쪽 끝이 맞추어져 있으므로 오른쪽을 비교하면 망치가 가장 길고 클립이 가장 짧습니다.

> **참고 개념**
> 세 가지 물건의 길이를 비교할 때에는 둘씩 차례로 비교하거나 세 물건을 동시에 비교합니다.

6 양쪽 끝이 맞추어져 있으므로 많이 구부러져 있을수록 곧게 폈을 때 길이가 더 깁니다.
따라서 ㉠이 더 깁니다.

> **참고 개념**
> 양쪽 끝이 맞추어져 있을 때에는 많이 구부러져 있을수록 더 깁니다.

4 아래쪽이 맞추어져 있으므로 위쪽이 가장 많이 모자란 맨 오른쪽 펭귄의 키가 가장 작습니다.

5 아래쪽이 맞추어져 있으므로 위쪽을 비교하면 노란색 블록이 왼쪽의 빨간색 블록보다 더 높습니다.

> **참고 개념**
> 아래쪽이 맞추어져 있으므로 왼쪽 블록과 비교했을 때 위쪽이 남는 블록이 더 높은 것입니다.

STEP 1 개념 익히기 108~109쪽

1 (1) 큽니다에 ○표 (2) 작습니다에 ○표
2 (1) (   )(○) (2) (○)(   )
3 • ✕ •
4 (   )(   )(△)
5 (○)(   )

1 (1) 아래쪽이 맞추어져 있으므로 위쪽이 남는 규민이가 승미보다 키가 더 큽니다.
(2) 아래쪽이 맞추어져 있으므로 위쪽이 모자란 승미가 규민이보다 키가 더 작습니다.

> **참고 개념**
> • 키 비교하기
> 아래쪽이 맞추어져 있는 경우 위쪽이 남는 사람이 더 큽니다.
> 두 사람의 키를 비교할 때에는 '더 크다', '더 작다'로 나타냅니다.

2 (1) 아래쪽이 맞추어져 있으므로 위쪽을 비교하면 오른쪽에 있는 사람의 키가 더 큽니다.
(2) 아래쪽이 맞추어져 있으므로 위쪽을 비교하면 왼쪽에 있는 사람의 키가 더 큽니다.

3 아래쪽이 맞추어져 있으므로 위쪽을 비교하면 빌딩이 더 높고, 신호등이 더 낮습니다.

> **참고 개념**
> • 높이 비교하기
> 아래쪽이 맞추어져 있는 경우 위쪽이 남는 것이 더 높습니다.
> 두 가지 물건의 높이를 비교할 때에는 '더 높다', '더 낮다'로 나타냅니다.

STEP 1 개념 익히기 110~111쪽

1 (1) 가볍습니다에 ○표 (2) 무겁습니다에 ○표
2 (   )(○) **3** (   )(○)
4 필통 **5** ㉠

1 (1) 손으로 들었을 때 힘이 덜 드는 의자가 책상보다 더 가볍습니다.
(2) 손으로 들었을 때 힘이 더 드는 책상이 의자보다 더 무겁습니다.

> **참고 개념**
> • 무게 비교하기
> 경험을 생각하여 비교하거나 손으로 들었을 때 힘이 더 드는 것이 더 무겁습니다.

2 쇠구슬은 풍선보다 더 무겁습니다.

> **주의 개념**
> 크기가 크다고 항상 무거운 것은 아닙니다.

3 시소는 무거운 쪽이 아래로 내려가므로 오른쪽 사람이 왼쪽 사람보다 더 무겁습니다.

> **참고 개념**
> 시소는 무거운 쪽이 아래로 내려가고, 가벼운 쪽이 위로 올라갑니다.

4 무거울수록 용수철이 더 많이 늘어나므로 필통이 가위보다 더 무겁습니다.

> **참고 개념**
> 매달린 물건이 더 무거울수록 용수철이 더 많이 늘어납니다.

5 무거운 것부터 차례로 쓰면 ㉠ 비행기, ㉢ 자동차, ㉡ 자전거입니다.
➡ ㉠ 비행기가 가장 무겁습니다.

STEP 2 기본 다지기　112~115쪽

1 (△)
　(○)

2 붓, 풀

3 파

4 ㉠

5 ㉢

6 2, 1, 3

7 자

8 (○)(　)

9 (　)(△)(○)

10 참새, 까치

11 민아

12 효진

13 예 집은 빌딩보다 더 낮습니다.

14 (　)(△)

15 (　)(△)(　)

16 ·　　·
　·　　·

17 1, 3, 2

18 자두, 배

19 ㉢

20 줄넘기

21 연필

22 사랑 모둠

23 민우

24 유미

---

1 왼쪽 끝이 맞추어져 있으므로 오른쪽이 남는 우산이 더 길고, 오른쪽이 모자라는 리코더가 더 짧습니다.

2 오른쪽 끝이 맞추어져 있으므로 왼쪽이 남는 붓이 풀보다 더 깁니다.

3 왼쪽 끝이 맞추어져 있으므로 오른쪽을 비교하면 가장 긴 것은 파입니다.

4 한쪽 끝을 맞추어 비교해 보면 길이가 가장 긴 것은 ㉠입니다.

5 위쪽이 맞추어져 있으므로 아래쪽으로 가장 많이 모자란 ㉢이 가장 짧습니다.

> **주의 개념**
> 위쪽이 맞추어져 있으므로 아래쪽을 비교합니다.

6 양쪽 끝이 맞추어져 있으므로 적게 구부러져 있을수록 곧게 폈을 때 길이가 더 짧습니다.

7 🎓 〈 가위와 위쪽을 비교해서 남는 물건을 찾자. 〉
아래쪽 끝이 맞추어져 있으므로 위쪽을 비교하면 가위보다 더 긴 것은 자입니다.

8 의자의 높이가 같으므로 위쪽을 비교하면 왼쪽 사람의 앉은키가 더 큽니다.

9 농구대가 가장 높고, 의자가 가장 낮습니다.

10 아래쪽을 기준으로 하여 높이를 비교합니다.

11 🎓 〈 위쪽이 맞추어져 있으므로 아래쪽을 비교하자. 〉
위쪽이 맞추어져 있으므로 아래쪽을 비교하면 민아의 키가 더 작습니다.

12 위쪽이 맞추어져 있으므로 아래쪽을 비교하면 효진이의 키가 가장 큽니다.

13 아래쪽이 맞추어져 있으므로 위쪽을 비교하면 집이 빌딩보다 더 낮습니다.

> **평가 기준**
> 빌딩과 집 중에서 더 낮은 것을 찾아 문장을 완성했으면 정답으로 합니다.

14 🎓 〈 자루가 가벼울수록 들기 쉬워. 〉
들기에 가벼워 보이는 자루에는 가벼운 것이 들어 있습니다.

15 가벼운 것부터 차례로 쓰면 필통, 책가방, 텔레비전입니다.
➡ 필통이 가장 가볍습니다.

16 🎓 〈 더 무거운 사람이 앉은 상자가 더 많이 찌그러져. 〉
더 많이 찌그러진 상자 위에는 더 무거운 사람이, 더 적게 찌그러진 상자 위에는 더 가벼운 사람이 앉았습니다.

17 무거운 것부터 순서대로 쓰면 냉장고, 의자, 공책입니다.

18 양팔 저울에서는 더 무거운 것이 아래로 내려갑니다.

> **참고 개념**
> 양팔 저울은 무거운 쪽이 아래로 내려가고 가벼운 쪽이 위로 올라갑니다.

19 🎓 〈 시소는 더 무거운 사람이 앉은 쪽으로 내려가. 〉
㉠ 창주는 연희보다 더 무겁습니다.
㉢ 인미는 연희보다 더 가볍습니다.

20 기준이 같은 것끼리 비교하자.

• 빗자루와 줄넘기는 왼쪽 끝이 맞추어져 있으므로 오른쪽을 비교하면 줄넘기가 더 깁니다.
• 줄넘기와 방망이는 오른쪽 끝이 맞추어져 있으므로 왼쪽을 비교하면 줄넘기가 더 깁니다.
따라서 줄넘기가 가장 깁니다.

21 • 색연필과 크레파스는 오른쪽 끝이 맞추어져 있으므로 왼쪽을 비교하면 색연필이 더 깁니다.
• 색연필과 연필은 왼쪽 끝이 맞추어져 있으므로 오른쪽을 비교하면 연필이 더 깁니다.
따라서 연필이 가장 깁니다.

22 • 사랑 모둠과 햇살 모둠은 왼쪽 끝이 맞추어져 있으므로 오른쪽을 비교하면 사랑 모둠이 더 짧습니다.
• 햇살 모둠과 소망 모둠은 오른쪽 끝이 맞추어져 있으므로 왼쪽을 비교하면 햇살 모둠이 더 짧습니다.
따라서 사랑 모둠이 가장 짧게 만들었습니다.

23 둘씩 먼저 비교한 다음 세 사람의 무게를 비교하자.

민우는 서아보다 더 무겁고, 수진이는 서아보다 더 가벼우므로 가장 무거운 사람은 민우입니다.

가벼움		무거움
수진	서아	민우

24 유미는 지후보다 더 가볍고, 시연이는 지후보다 더 무거우므로 가장 가벼운 사람은 유미입니다.

가벼움		무거움
유미	지후	시연

STEP 1 개념 익히기　116~117쪽

1 (1) (○)(　) (2) (○)(　)
2 가
3 •
4 ○ (예) ○
5 나, 가
6 (　)(△)(○)

1 (1) 왼쪽 침대는 오른쪽 침대보다 더 넓습니다.
(2) 액자는 공책보다 더 넓습니다.

참고 개념
• 넓이 비교하기
한쪽 끝을 맞추어 겹쳐 보았을 때 남는 부분이 있는 것이 더 넓습니다.

2 가와 나를 겹쳐 보았을 때 가가 남으므로 더 넓은 것은 가입니다.

3 겹쳐 보았을 때 남는 것이 더 넓고 모자라는 것이 더 좁습니다.

참고 개념
두 물건의 넓이를 비교할 때에는 '더 넓다', '더 좁다'로 나타냅니다.

4 주어진 ○ 모양보다 더 넓은 ○ 모양을 그립니다.

5 가와 나를 겹쳐 보면 가가 남으므로 나는 가보다 더 좁습니다.

6 겹쳐 보면 맨 오른쪽에 있는 것이 가장 많이 남으므로 가장 넓고, 가운데에 있는 것이 가장 많이 모자라므로 가장 좁습니다.

STEP 1 개념 익히기　118~119쪽

1 (1) (○)(　) (2) (○)(　)
2 (△)(　) 3 ㉡, ㉠
4 (　)(○) 5 (○)(△)(　)

1 그릇의 크기가 클수록 담을 수 있는 양이 더 많습니다.

참고 개념
• 담을 수 있는 양 비교하기
그릇의 크기가 클수록 그릇에 담을 수 있는 양이 더 많습니다.

2 그릇의 모양과 크기가 같으므로 물의 높이가 더 낮은 왼쪽 그릇에 물이 더 적게 담겨 있습니다.

참고 개념
• 모양과 크기가 같은 그릇에 담긴 양 비교하기
물의 높이가 높을수록 그릇에 담긴 양이 더 많습니다.

3 주스의 높이가 같으므로 그릇의 크기를 비교하면 ㉡ 그릇에 담긴 주스는 ㉠ 그릇에 담긴 주스보다 더 많습니다.

> **참고 개념**
> • 모양과 크기가 다른 그릇에 담긴 양 비교하기
> 물의 높이가 같을 때 그릇의 크기가 더 클수록 담긴 물의 양이 더 많습니다.

4 |보기|의 컵보다 크기가 더 큰 컵에 ◯표 합니다.

5 그릇의 모양과 크기가 같으므로 물의 높이가 가장 높은 맨 왼쪽 그릇에 담긴 물의 양이 가장 많고, 물의 높이가 가장 낮은 가운데 그릇에 담긴 물의 양이 가장 적습니다.

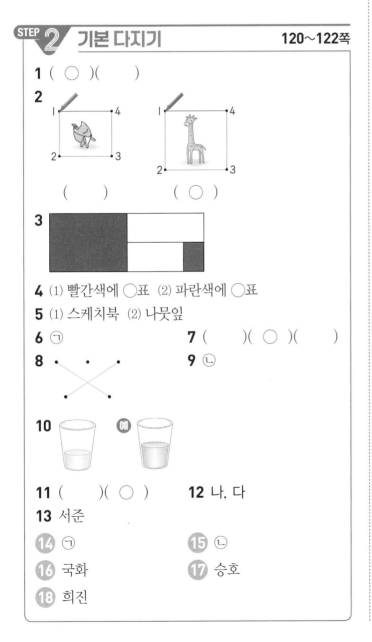

STEP 2 기본 다지기 **120~122쪽**

1 (◯)( )

2 ( ) (◯)

3

4 (1) 빨간색에 ◯표 (2) 파란색에 ◯표
5 (1) 스케치북 (2) 나뭇잎
6 ㉠ **7** ( )(◯)( )
8
9 ㉡
10
11 ( )(◯) **12** 나, 다
13 서준
14 ㉠ **15** ㉡
16 국화 **17** 승호
18 희진

1 동화책보다 더 넓은 가방을 골라야 합니다.

2 수를 순서대로 이어 양쪽의 넓이를 비교하면 기린이 있는 쪽이 여우가 있는 쪽보다 더 넓습니다.

4 겹쳐 보면 빨간색 모양이 가장 많이 남으므로 가장 넓고, 파란색 모양이 가장 많이 모자라므로 가장 좁습니다.

5 (1) 겹쳐 보면 스케치북이 가장 많이 남으므로 가장 넓습니다.

6 [겹쳐 보았을 때 가장 많이 남는 접시를 찾자.]
겹쳐 보면 가장 많이 남는 접시가 가장 넓습니다. 따라서 ㉠이 가장 넓으므로 ㉠을 골라야 합니다.

7 그릇의 크기가 클수록 담을 수 있는 양이 더 많습니다.

8 그릇의 모양과 크기가 같으므로 물의 높이가 높을수록 그릇에 담긴 물의 양이 더 많습니다.

9 그릇의 모양과 크기가 같으므로 물의 높이가 왼쪽보다 더 높은 ㉡에 담긴 물의 양이 더 많습니다.

10 모양과 크기가 같은 컵에서는 물의 높이가 높을수록 담긴 물의 양이 더 많습니다. 따라서 오른쪽 컵에 왼쪽 컵의 물의 높이보다 높게 물을 그립니다.

11 [물이 넘치지 않으려면 그릇의 크기가 더 커야 해.]
|보기|보다 큰 그릇을 찾습니다.

13 지안: ㉠에 담긴 물의 양은 ㉡에 담긴 물의 양보다 더 많습니다.

14 칸 수를 세어 보면 ㉠은 5칸, ㉡은 3칸이므로 ㉠이 더 넓습니다.

> **참고 개념**
> 작은 한 칸의 넓이가 모두 같을 때 칸 수가 더 많을수록 더 넓습니다.

15 칸 수를 세어 보면 ㉠은 6칸, ㉡은 2칸이므로 ㉡이 더 좁습니다.

16 [각각 칸 수를 세어 넓이를 비교해 보자.]
칸 수를 세어 보면 장미는 5칸, 튤립은 4칸, 국화는 3칸입니다. 5, 4, 3 중에서 3이 가장 작으므로 가장 좁은 곳에 심은 꽃은 국화입니다.

BOOK 1 진도책 정답과 해설

17 남은 물의 양이 더 적은 사람이 더 많이 마신 것입니다. 따라서 물의 높이가 더 낮은 승호가 물을 더 많이 마셨습니다.

참고 개념
컵에 물을 가득 따라 마시고 남은 물의 양이 더 적은 것이 마신 물의 양이 더 많습니다.

18 남은 물의 양이 가장 적은 사람이 가장 많이 마신 것입니다. 따라서 물의 높이가 가장 낮은 희진이가 물을 가장 많이 마셨습니다.

STEP 3 응용력 올리기 123~125쪽

1 ❶ 작아야에 ○표 ❷ ㉠
1-1 ㉡ **1-2** ㉠
2 ❶ ㉠: 4칸 ㉡: 6칸 ㉢: 5칸 ❷ ㉡
2-1 ㉢ **2-2** ㉡
3 ❶ 침대 ❷ 신발장 ❸ 신발장
3-1 가로수 **3-2** 은태

1 ❶ 물을 받을 수 있는 시간과 양동이의 크기 사이의 관계 알아보기
물을 더 빨리 받으려면 양동이가 더 작아야 합니다.
❷ 물을 더 빨리 받을 수 있는 것 찾기
㉠ 양동이가 ㉡ 양동이보다 더 작으므로 물을 더 빨리 받을 수 있는 것은 ㉠입니다.

1-1 ❶ 물을 받을 수 있는 시간과 대야의 크기 사이의 관계 알아보기
물을 더 빨리 받으려면 대야가 더 작아야 합니다.
❷ 물을 더 빨리 받을 수 있는 것 찾기
㉡ 대야가 ㉠ 대야보다 더 작으므로 물을 더 빨리 받을 수 있는 것은 ㉡입니다.

1-2 ❶ 물을 받을 수 있는 시간과 물통의 크기 사이의 관계 알아보기
물을 더 빨리 받으려면 물통이 더 작아야 합니다.
❷ 3개의 물통에 물을 더 빨리 받을 수 있는 것 찾기
㉠과 ㉡의 3개의 물통 중 2개는 같고 나머지 1개는 ㉠이 더 작으므로 물을 더 빨리 받을 수 있는 것은 ㉠입니다.

2 ❶ ㉠, ㉡, ㉢은 각각 작은 칸으로 몇 칸인지 알아보기
각각 몇 칸인지 세어 보면 ㉠은 4칸, ㉡은 6칸, ㉢은 5칸입니다.
❷ 길이가 가장 긴 것 찾기
칸 수가 많을수록 길이가 긴 것이므로 ㉡이 가장 깁니다.

2-1 ❶ ㉠, ㉡, ㉢은 각각 작은 칸으로 몇 칸인지 알아보기
각각 몇 칸인지 세어 보면 ㉠은 4칸, ㉡은 5칸, ㉢은 6칸입니다.
❷ 길이가 가장 긴 것 찾기
칸 수가 많을수록 길이가 긴 것이므로 ㉢이 가장 깁니다.

2-2 ❶ ㉠, ㉡은 각각 길이 작은 칸으로 몇 칸인지 알아보기
길이 각각 몇 칸인지 세어 보면 ㉠은 7칸, ㉡은 9칸입니다.
❷ 더 먼 길 찾기
칸 수가 많을수록 길이가 더 긴 것이므로 ㉡이 더 멉니다.

3 ❶ 옷걸이보다 더 낮은 것 찾기
침대는 옷걸이보다 더 낮습니다.
➡ 옷걸이보다 더 낮은 것: 침대
❷ 옷걸이보다 더 높은 것 찾기
옷걸이는 신발장보다 더 낮습니다.
➡ 옷걸이보다 더 높은 것: 신발장
❸ 가장 높은 것 찾기
높은 것부터 차례로 쓰면 신발장, 옷걸이, 침대이므로 가장 높은 것은 신발장입니다.

3-1 ❶ 신호등보다 더 낮은 것 찾기
신호등보다 더 낮은 것: 철봉
❷ 신호등보다 더 높은 것 찾기
신호등보다 더 높은 것: 가로수
❸ 가장 높은 것 찾기
높은 것부터 차례로 쓰면 가로수, 신호등, 철봉이므로 가장 높은 것은 가로수입니다.

3-2 ❶ 재영이와 은태보다 더 낮은 층에 사는 사람 찾기
재영이와 은태보다 더 낮은 층에 사는 사람: 선우
❷ 재영이보다 더 높은 층에 사는 사람 찾기
재영이보다 더 높은 층에 사는 사람: 은태
❸ 가장 높은 층에 사는 사람 찾기
높은 층에 사는 사람부터 차례로 쓰면 은태, 재영, 선우이므로 가장 높은 층에 사는 사람은 은태입니다.

STEP 3 응용력 올리기 서술형 수능 대비 126~127쪽

1 형주

2 ㄷ

3 토끼

4 배추

1 길이가 더 긴 쪽으로 물건 2개를 이어 붙여서 비교하면 형주가 가지고 있는 물건을 이어 붙인 길이가 더 깁니다.

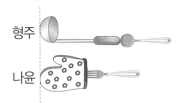

형주

나윤

2 물의 높이가 낮을수록 담긴 물의 양이 더 적습니다.
물의 높이가 낮은 것부터 차례로 쓰면 ㄷ, ㄴ, ㄱ이므로 담긴 물의 양이 가장 적은 컵은 ㄷ입니다.
➡ 가장 높은 소리가 나는 컵은 ㄷ입니다.

3 키가 가장 큰 동물은 ㄱ 기린입니다.
➡ 기린보다 더 무거운 동물은 ㄴ 코끼리입니다.
➡ 코끼리보다 키가 더 작은 동물은 ㄷ 토끼입니다.

4 심은 칸 수를 각각 세어 보면 배추는 8칸, 고구마는 4칸, 감자는 3칸, 무는 5칸입니다.
칸 수가 많을수록 넓이가 넓은 것이므로 가장 넓은 곳에 심은 채소는 배추입니다.

TEST 단원 기본 평가 128~130쪽

1 작습니다에 ○표

2 높습니다에 ○표

3 가볍습니다에 ○표

4 ㄴ

5 •――•
•――•

6 희정

7

8 ( )(△)

9 ㄷ

10 빨간색

11 ㄴ

12 지우개, 색종이

13

14 ( )(△)(○)

15 2, 3, 1

16 ㄴ

17 지한

18 주아

19 예 ❶ 남은 우유가 더 적은 사람이 더 많이 마신 것입니다.
❷ 우유의 높이가 더 낮은 규현이가 우유를 더 많이 마셨습니다.
답 규현

20 예 ❶ 길이 각각 몇 칸인지 세어 보면 ㄱ은 6칸, ㄴ은 7칸입니다.
❷ 칸 수가 적을수록 길이가 짧으므로 ㄱ이 더 가깝습니다.
답 ㄱ

1 아래쪽을 맞추었으므로 위쪽을 비교하면 진아는 은주보다 키가 더 작습니다.

2 아래쪽을 맞추었으므로 위쪽을 비교하면 냉장고는 전자레인지보다 더 높습니다.

3 풍선은 수박보다 더 가볍습니다.

4 아래쪽이 맞추어져 있으므로 위쪽을 비교하면 ㄴ이 더 낮습니다.

5 크기가 더 큰 그릇이 담을 수 있는 양이 더 많고, 크기가 더 작은 그릇이 담을 수 있는 양이 더 적습니다.

6 시소는 더 가벼운 쪽이 올라가므로 희정이가 유진이보다 더 가볍습니다.

7 겹쳐 보았을 때 남는 부분이 있는 것이 더 넓습니다.

8 더 적게 찌그러진 상자가 더 가벼운 물건을 올려놓은 것입니다.

9 무게를 비교하는 말에는 '무겁다', '가볍다'가 있습니다.

10 아래쪽이 맞추어져 있으므로 위쪽이 남는 빨간색 색연필이 파란색 색연필보다 더 깁니다.

11 양쪽 끝이 맞추어져 있으므로 더 많이 구부러진 것이 더 깁니다. 따라서 ㄴ이 더 깁니다.

12 겹쳐 보았을 때 색종이가 남으므로 지우개는 색종이보다 더 좁습니다.

13 작은 컵에 물을 가득 담아 큰 컵으로 옮겨 담으면 물의 높이가 낮아집니다.

14 서로 겹쳐 보았을 때 가장 많이 남는 것이 가장 넓고, 가장 많이 모자라는 것이 가장 좁습니다.

15 담을 수 있는 양이 가장 적은 것은 맨 오른쪽 그릇이고, 가장 많은 것은 가운데 그릇입니다.

16 |보기|에 주어진 것은 4칸이고 ㉠은 3칸, ㉡은 5칸이므로 |보기|보다 더 넓은 것은 ㉡입니다.

17 위쪽이 맞추어져 있으므로 가장 낮은 단 위에 서 있는 지한이의 키가 가장 큽니다.

18 주아는 진우보다 더 가볍고, 진우는 예나보다 더 가벼우므로 가장 가벼운 사람은 주아입니다.

가벼움		무거움
주아	진우	예나

19

◀ 채점 기준		
❶ 남은 우유가 더 적은 사람이 더 많이 마신 것을 설명함.	3점	5점
❷ 우유를 더 많이 마신 사람을 구함.	2점	

20

◀ 채점 기준		
❶ 길이 작은 칸으로 각각 몇 칸인지 구함.	2점	5점
❷ 더 가까운 길을 구함.	3점	

TEST 단원 실력 평가 **131~133쪽**

1 (△)
( )
2 (○)( )
3 고래, 새우 **4** ( )(△)
5 넓다 **6** 높다
7 (점 잇기)
8 경희
9 ( )( )(○)
10 (그림)

---

11 ㉡ **12** 유미
13 ( )(○) **14** ㉡
15 클립, 바늘 **16** ㉠, ㉡, ㉢
17 소윤 **18** 첫째
19 예 ❶ 새싹 모둠과 구름 모둠은 왼쪽 끝이 맞추어져 있으므로 오른쪽을 비교하면 구름 모둠이 더 깁니다.
❷ 구름 모둠과 태양 모둠은 오른쪽 끝이 맞추어져 있으므로 왼쪽을 비교하면 구름 모둠이 더 깁니다.
❸ 구름 모둠이 가장 길게 만들었습니다.
답 구름 모둠

20 예 ❶ 볼펜보다 더 짧은 것: 연필
❷ 볼펜보다 더 긴 것: 색연필
❸ 가장 긴 것: 색연필 답 색연필

1 왼쪽 끝이 맞추어져 있으므로 오른쪽이 모자란 것이 더 짧습니다.

2 칠판과 달력을 겹쳐 보면 칠판이 남으므로 칠판은 달력보다 더 넓습니다.

4 그릇의 모양과 크기가 같으므로 물의 높이가 왼쪽보다 더 낮은 것에 담긴 물의 양이 더 적습니다.

> 참고 개념
> 그릇의 모양과 크기가 같으면 물의 높이를 비교합니다.
> 물의 높이가 낮을수록 물이 적게 담긴 것입니다.

5 넓이의 비교 ➡ 넓다, 좁다

> 참고 개념
> • 두 가지 물건의 넓이 비교하기
> '더 넓다', '더 좁다'
> • 여러 가지 물건의 넓이 비교하기
> '가장 넓다', '가장 좁다'

6 높이의 비교 ➡ 높다, 낮다

> 참고 개념
> • 두 가지 물건의 높이 비교하기
> '더 높다', '더 낮다'
> • 여러 가지 물건의 높이 비교하기
> '가장 높다', '가장 낮다'

7 아래쪽이 맞추어져 있으므로 위쪽을 비교합니다.
가운데 쌓기나무가 가장 높고 맨 오른쪽 쌓기나무가 가장 낮습니다.

8 위쪽이 맞추어져 있으므로 아래쪽을 비교하면 경희는 소라보다 키가 더 큽니다.

9 가장 높이 올라가 있는 사람은 맨 오른쪽 사람입니다.

11 겹쳤을 때 가장 많이 남는 것이 가장 넓습니다. 넓은 곳부터 차례로 쓰면 ⓒ, ⓐ, ⓑ입니다.

12 칸 수를 각각 세어 보면 유미는 5칸, 인경이는 3칸이므로 유미가 인경이보다 색칠한 부분이 더 넓습니다.

13 무거울수록 고무줄이 더 많이 늘어나므로 고무줄이 더 많이 늘어난 상자가 더 무겁습니다.

> **참고 개념**
> 물건을 고무줄에 매달았을 때 무거울수록 고무줄이 더 많이 늘어납니다.

14 양팔 저울에서는 아래로 내려간 쪽이 더 무겁습니다.
➡ 콩이 깃털보다 더 무거우므로 콩이 들어 있는 병은 ⓒ입니다.

15 빗과 각각의 물건의 한쪽 끝을 맞추었을 때를 생각하여 길이를 비교해 보면 빗보다 더 짧은 것은 클립, 바늘입니다.

16 양쪽 끝이 맞추어져 있으므로 많이 구부러질수록 길이가 더 깁니다.

17 소윤: 다에 담긴 물의 양은 나에 담긴 물의 양보다 더 적습니다.

18 키가 큰 사람부터 차례로 쓰면 주영, 현욱, 지혜, 혜연입니다.
따라서 주영이는 첫째에 서게 됩니다.

19

🔍 채점 기준		
❶ 새싹 모둠과 구름 모둠이 과자를 이어 만든 길이를 비교함.	2점	
❷ 구름 모둠과 태양 모둠이 과자를 이어 만든 길이를 비교함.	2점	5점
❸ 가장 길게 만든 모둠을 구함.	1점	

20

🔍 채점 기준		
❶ 연필과 볼펜의 길이를 비교함.	2점	
❷ 볼펜과 색연필의 길이를 비교함.	2점	5점
❸ 가장 긴 것을 구함.	1점	

50까지의 수

STEP 1 개념 익히기 136~137쪽

1 10
2 4
3 셋, 다섯 / 일곱, 여덟, 열
4 (1) 10 (2) 5
5 (1) 열에 ○표 (2) 십에 ○표
6 10개

2 크레파스 10자루는 빨간색 크레파스 6자루와 파란색 크레파스 4자루로 가르기 할 수 있습니다.

4 (1) 2와 8을 모으기 하면 10이 됩니다.
(2) 10은 5와 5로 가르기 할 수 있습니다.

5 (1) 10살 ➡ 열 살
(2) 10일 ➡ 십 일

> **참고 개념**
> 10은 '십' 또는 '열'이라고 읽습니다.

6 3과 7을 모으기 하면 10이 되므로 접시에 담겨 있는 초콜릿은 모두 10개입니다.

STEP 1 개념 익히기 138~139쪽

1 16
2 13, 15
3 17
4 예
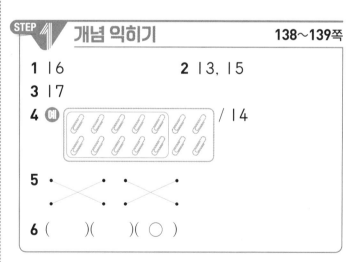
/ 14

5
6 ( )( )(○)

2 11-12-13-14-15이므로 빈칸에 13, 15를 써넣습니다.

4 10개씩 묶어 보면 10개씩 묶음 1개와 낱개 4개입니다. ➡ 14

5 • 11(십일, 열하나), • 19(십구, 열아홉)

6 ・12(십이, 열둘), ・17(십칠, 열일곱),
  ・18(십팔, 열여덟)

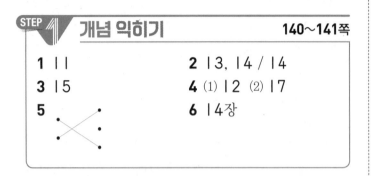

1 11
2 13, 14 / 14
3 15
4 (1) 12 (2) 17
5
6 14장

---

3 축구공 7개와 농구공 8개를 모으기 하면 모두 15개
가 되므로 7과 8을 모으기 하면 15가 됩니다.

4 (1) 8과 4를 모으기 하면 12가 됩니다.
  (2) 9와 8을 모으기 하면 17이 됩니다.

5 6과 7, 8과 5를 각각 모으기 하면 13이 됩니다.

6 5와 9를 모으기 하면 14가 되므로 두 사람이 모은
붙임딱지는 모두 14장입니다.

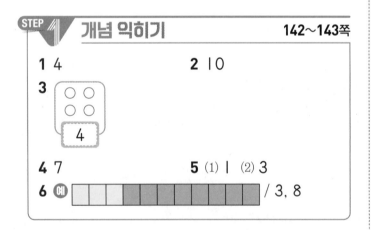

1 4
2 10
3 4
4 7
5 (1) 1 (2) 3
6 예 / 3, 8

---

2 17은 7과 10으로 가르기 할 수 있습니다.

3 14는 10과 4로 가르기 할 수 있습니다.

4 토마토는 13개이므로 13은 6과 7로 가르기 할 수
있습니다.

5 (1) 14는 13과 1로 가르기 할 수 있습니다.
  (2) 17은 14와 3으로 가르기 할 수 있습니다.

6 11은 1과 10, 2와 9, 3과 8, 4와 7, 5와 6 등
여러 가지 방법으로 가르기 할 수 있습니다.

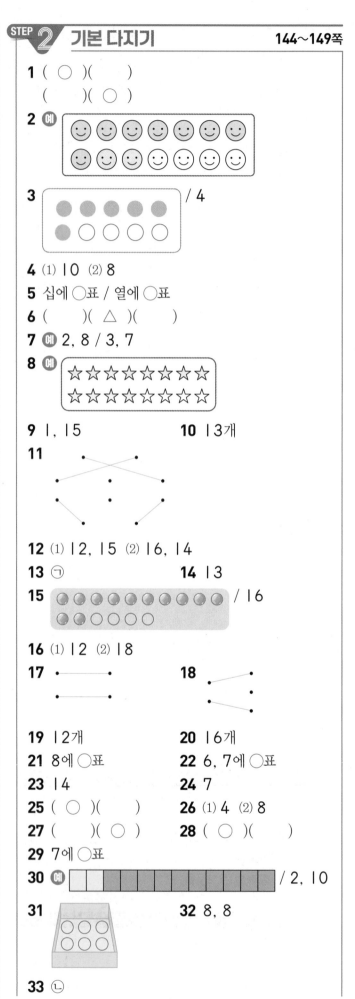

1 (○)( )
  ( )(○)
2 예
3 / 4
4 (1) 10 (2) 8
5 십에 ○표 / 열에 ○표
6 ( )(△)( )
7 예 2, 8 / 3, 7
8 예
9 1, 15
10 13개
11
12 (1) 12, 15 (2) 16, 14
13 ㉠
14 13
15 / 16
16 (1) 12 (2) 18
17
18
19 12개
20 16개
21 8에 ○표
22 6, 7에 ○표
23 14
24 7
25 (○)( )
26 (1) 4 (2) 8
27 ( )(○)
28 (○)( )
29 7에 ○표
30 예 / 2, 10
31
32 8, 8
33 ㉡

34 예

35 예

36 ㉢

37 ㉡

1 볼링핀은 10개, 오이는 9개, 공깃돌은 8개, 축구공은 10개입니다.

2 8보다 2만큼 더 큰 수가 10이므로 2칸을 색칠합니다.

3 6보다 4만큼 더 큰 수가 10이므로 ○를 4개 그립니다.

4 ⑴ 3과 7을 모으기 하면 10이 됩니다.
⑵ 10은 2와 8로 가르기 할 수 있습니다.

5 10일 ➡ 십 일, 10번째 ➡ 열 번째

6 7과 2를 모으기 하면 9가 됩니다.

7 10은 0과 10, 1과 9, 2와 8, 3과 7, 4와 6, 5와 5 등 여러 가지 방법으로 가르기 할 수 있습니다.

9 10개씩 묶음이 1개이고 낱개가 5개이면 15입니다.

10 블록은 10개씩 묶음 1개와 낱개 3개이므로 13개입니다.

참고 개념
먼저 10개씩 묶어 보고 낱개의 수를 세어 수로 나타냅니다.

11 · 10개씩 묶음 1개와 낱개 5개는 15이고 열다섯이라고 읽습니다.
· 10개씩 묶음 1개와 낱개 6개는 16이고 열여섯이라고 읽습니다.

12 ⑴ 12-13-14-15이므로 12, 15를 씁니다.
⑵ 17부터 거꾸로 쓰면 17-16-15-14이므로 16, 14를 씁니다.

13 ㉠ 오늘은 줄넘기를 열아홉 번 했습니다.
㉡ 십구 번 손님 들어오세요.
㉢ 연경이의 사물함 번호는 십구 번입니다.

17 11과 4, 8과 7을 각각 모으기 하면 15가 됩니다.

18 10과 4, 8과 6을 각각 모으기 하면 14가 됩니다.

19 여덟 개 ➡ 8개
8과 4를 모으기 하면 12가 되므로 두 사람이 먹은 젤리는 모두 12개입니다.

20 쿠키를 분홍색 접시에 8개, 연두색 접시에 8개 담았으므로 8과 8을 모으기 하면 16이 됩니다.
➡ 종훈이가 만든 쿠키는 모두 16개입니다.

21 9와 7을 모으기 하면 16, 9와 8을 모으기 하면 17, 9와 9를 모으기 하면 18이 됩니다.
따라서 9와 모으기 하여 17이 되는 수는 8입니다.

22 6과 7을 모으기 하면 13, 6과 8을 모으기 하면 14, 7과 8을 모으기 하면 15가 됩니다.
따라서 모으기 하여 13이 되는 두 수는 6과 7입니다.

23 5와 6을 모으기 하면 11이 됩니다. ➡ ㉠=11
11과 3을 모으기 하면 14가 됩니다. ➡ ㉡=14

25 12는 5와 7로 가르기 할 수 있습니다.

26 ⑴ 16은 12와 4로 가르기 할 수 있습니다.
⑵ 11은 3과 8로 가르기 할 수 있습니다.

27 18은 9와 9, 10과 8로 가르기 할 수 있습니다.

28 14는 7과 7로 가르기 할 수 있습니다.

29 15는 8과 7로 가르기 할 수 있습니다.

30 12는 여러 가지 방법으로 가르기 할 수 있습니다.

31 13은 7과 6으로 가르기 할 수 있으므로 노란색 상자에는 6개의 구슬을 담을 수 있습니다.
➡ 노란색 상자에 ○를 6개 그립니다.

32 16은 똑같은 두 수인 8과 8로 가르기 할 수 있습니다.

33 17은 9와 8로 가르기 할 수 있습니다. ➡ ㉠=8
16은 7과 9로 가르기 할 수 있습니다. ➡ ㉡=9
➡ 9가 8보다 더 크므로 ㉡이 더 큽니다.

34 내가 동생보다 자두를 더 많이 가지는 경우

12	나	11	10	9	8	7
	동생	1	2	3	4	5

㉟ 지후가 경수보다 껌을 더 많이 가지는 경우

13	지후	12	11	10	9	8	7
	경수	1	2	3	4	5	6

㊱ ㉠ 9와 1을 모으기 한 수 ➡ 10   ㉡ 열 ➡ 10
㉢ 8보다 1만큼 더 큰 수 ➡ 9

㊲ ㉠ 6보다 4만큼 더 큰 수 ➡ 10
㉡ 9와 2를 모으기 한 수 ➡ 11   ㉢ 십 ➡ 10

STEP 1 개념 익히기 150~151쪽

1 5, 50
2 (1) 삼십에 ○표 (2) 스물에 ○표
3 30   **4** (1) 2 (2) 4
5

6 30개

2 (1) 30은 삼십 또는 서른이라고 읽습니다.
(2) 20은 이십 또는 스물이라고 읽습니다.

4 (1) 20은 10개씩 묶음 2개입니다.
(2) 40은 10개씩 묶음 4개입니다.

5 ·10개씩 묶음 4개 ➡ 40(마흔)
·10개씩 묶음 5개 ➡ 50(쉰)

6 10개씩 3상자는 10개씩 묶음 3개이므로 30입니다. 따라서 지우개는 모두 30개입니다.

STEP 1 개념 익히기 152~153쪽

1 34   **2** (위에서부터) 7 / 4
3 (1) 29 (2) 41   **4** 22 / 이십이, 스물둘
5

6 35장

2 ·37은 10개씩 묶음 3개와 낱개 7개인 수입니다.
·46은 10개씩 묶음 4개와 낱개 6개인 수입니다.

---

3 (1) 10개씩 묶음 2개와 낱개 9개는 29입니다.
(2) 10개씩 묶음 4개와 낱개 1개는 41입니다.

4 달걀이 10개씩 묶음 2개와 낱개 2개이므로 22입니다. ➡ 22는 이십이 또는 스물둘이라고 읽습니다.

5 ·44(마흔넷, 사십사), ·26(스물여섯, 이십육)

6 10장씩 3봉지와 낱개로 5장은 10개씩 묶음 3개와 낱개 5개이므로 35입니다. ➡ 35장

STEP 1 개념 익히기 154~155쪽

1 29, 32   **2** (1) 24 (2) 22
3 (1) 28, 30 (2) 40 **4** 25, 27
5 46, 45   **6** 22번

3 (1) 29 바로 앞의 수: 28
29 바로 뒤의 수: 30
(2) 39와 41 사이에 있는 수: 40

5 47부터 수를 거꾸로 세면
47-46-45-44-43입니다.

6 21-22-23이므로 혁준이의 사물함 번호는 22번입니다.

STEP 1 개념 익히기 156~157쪽

1 (1) 큽니다에 ○표 (2) 큽니다에 ○표
2 (1) 작습니다에 ○표 (2) 작습니다에 ○표
3 35에 ○표
4 (1) 41에 △표 (2) 29에 △표
5 25, 24   **6** 유찬

2 10개씩 묶음의 수가 같으므로 낱개의 수가 더 작은 22가 26보다 작습니다.

3 수직선에서 35가 28보다 오른쪽에 있으므로 35가 28보다 큽니다.

4 (1) 10개씩 묶음의 수가 같으므로 낱개의 수를 비교하면 41이 48보다 작습니다.
(2) 10개씩 묶음의 수를 비교하면 29가 37보다 작습니다.

5 10개씩 묶음의 수가 같으므로 낱개의 수를 비교하면 25가 24보다 큽니다.

6 10개씩 묶음의 수를 비교하면 21이 15보다 큽니다.
→ 붙임딱지를 더 많이 모은 사람은 유찬입니다.

STEP 2 기본 다지기　158~163쪽

1 예
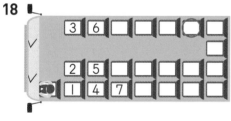

2 （교차 연결선）

3 30 / 삼십, 서른　　**4** 3, 30
5 ①　　　　　　　**6** 50, 30, 20
7 （　）（　）（ ○ ）
8 2, 7 / 27　　　**9** 사십사, 마흔넷에 ○표
10 ㉡　　　　　　**11** 33 / 삼십삼, 서른셋
12 ④　　　　　　**13** 3상자, 8개
14 （수의 순서대로）15, 16, 18, 20
15 ⑴ 15　⑵ 48, 50
16 35, 34, 33, 32　　**17** 31
18

3	6				◯	
2	5					
1	4	7				

19 （위에서부터）17 / 21, 11 / 14
20 （ ○ ）（　）
21 ⑴ （ ○ ）（　）　⑵ （　）（ ○ ）
22 ⑴ 작습니다에 ○표　⑵ 큽니다에 ○표
23 ⑴ | 21 | 29 |　⑵ | 19 | 44 |
24 42, 39 / 39, 42　　**25** 소윤
26 ②, ⑤　　　　**27** 41에 ○표
28 47, 13　　　　**29** 42, 44, 48
30 46　　　　　**31** 19
32 39　　　　　**33** 43
34 24　　　　　**35** 3개
36 5개　　　　　**37** 8, 9

1 30은 10개씩 묶음이 3개이므로 △를 16개 그립니다.

---

2 ·20（이십, 스물）, ·40（사십, 마흔）

참고 개념

10개씩 묶음	수	
	쓰기	읽기
2	20	이십, 스물
3	30	삼십, 서른
4	40	사십, 마흔
5	50	오십, 쉰

3 달걀은 10개씩 묶음이 3개이므로 30이고 30은 삼십 또는 서른이라고 읽습니다.

5 10개씩 묶음의 수를 쓰면
① 50 ➡ 5, ② 40 ➡ 4, ③ 30 ➡ 3,
④ 20 ➡ 2, ⑤ 10 ➡ 1입니다.
10개씩 묶음의 수가 가장 큰 것은 ① 50입니다.

6 20은 10개씩 묶음이 2개, 50은 10개씩 묶음이 5개, 30은 10개씩 묶음이 3개입니다.
→ 10개씩 묶음의 수가 큰 수부터 차례로 쓰면 50, 30, 20입니다.

7 14와 34는 낱개가 4개이고 49는 낱개가 9개입니다.

8 10개씩 묶음이 2개이고 낱개가 7개 ➡ 27

9 44（사십사, 마흔넷）

10 ㉠ 서른둘 ➡ 32
㉡ 10개씩 묶음 2개와 낱개 3개 ➡ 23

11 10개씩 묶음 3개와 낱개 3개이므로 33입니다.
33은 삼십삼 또는 서른셋이라고 읽습니다.

12 ④ 31은 삼십일 또는 서른하나라고 읽습니다.

13 서른여덟은 수로 나타내면 38이고, 38은 10개씩 묶음 3개와 낱개 8개인 수입니다. 배를 한 상자에 10개씩 담아 포장하면 3상자까지 포장할 수 있고, 8개가 남습니다.

14 13부터 수를 순서대로 쓰면
13-14-15-16-17-18-19-20입니다.

15 ⑴ 14와 16 사이에 있는 수는 15입니다.
⑵ 49 바로 앞의 수는 48이고 49 바로 뒤의 수는 50입니다.

정답과 해설

16 36부터 거꾸로 씁니다.
→ 36−35−34−33−32

17 22부터 순서대로 수 배열표의 빈칸을 채우면 색칠한 곳에 들어갈 수는 31입니다.

18

19 ⏎과 같은 모양으로 수가 배열되어 있습니다.

6	7	8	9
17	18	19	10
16	21	20	11
15	14	13	12

20 10개씩 묶음의 수를 비교하면 31이 26보다 큽니다.

21 ⑴ 마흔셋 → 43, 서른여덟 → 38
10개씩 묶음의 수를 비교하면 43이 38보다 큽니다.
⑵ 십삼 → 13, 십구 → 19
10개씩 묶음의 수가 같으므로 낱개의 수를 비교하면 19가 13보다 큽니다.

22 ⑴ 10개씩 묶음의 수를 비교하면 22는 32보다 작습니다.
⑵ 10개씩 묶음의 수가 같으므로 낱개의 수를 비교하면 46은 45보다 큽니다.
> **참고 개념**
> 먼저 10개씩 묶음의 수를 비교하고 10개씩 묶음의 수가 같으면 낱개의 수를 비교합니다.

23 ⑴ 10개씩 묶음의 수가 같으므로 낱개의 수를 비교하면 21은 27보다 작고, 29는 27보다 큽니다.
⑵ 10개씩 묶음의 수를 비교하면 19는 35보다 작고, 54는 35보다 큽니다.

24 10개씩 묶음의 수를 비교합니다.
→ ┌ 42는 39보다 큽니다.
　　└ 39는 42보다 작습니다.

25 10개씩 묶음의 수가 같으므로 낱개의 수를 비교하면 37이 34보다 큽니다. 따라서 위인전을 더 많이 읽은 사람은 소윤입니다.

26 10개씩 묶음의 수가 모두 같으므로 낱개의 수를 비교하면 25보다 큰 수는 ② 29, ⑤ 27입니다.

27 10개씩 묶음의 수를 비교하면 2, 4, 3 중 가장 큰 수는 4이므로 가장 큰 수는 41입니다.

28 10개씩 묶음의 수를 비교하면 4, 1, 3 중 4가 가장 크고 1이 가장 작습니다. 따라서 가장 큰 수는 47, 가장 작은 수는 13입니다.

29 10개씩 묶음의 수가 같으므로 낱개의 수를 비교합니다. 작은 수부터 순서대로 쓰면 42, 44, 48입니다.

30 40보다 크고 50보다 작은 수는 10개씩 묶음의 수가 4입니다.
낱개의 수는 6이므로 모두 만족하는 수는 46입니다.

31 10보다 크고 20보다 작은 수는 10개씩 묶음의 수가 1입니다.
낱개의 수는 9이므로 모두 만족하는 수는 19입니다.

32 30보다 크고 40보다 작은 수는 10개씩 묶음의 수가 3입니다.
38보다 큰 수이므로 모두 만족하는 수는 39입니다.

33 가장 큰 수를 만들려면 10개씩 묶음의 수는 가장 큰 수인 4로, 낱개의 수는 두 번째로 큰 수인 3으로 만들어야 합니다. → 43
> **참고 개념**
> 4, 1, 3을 큰 수부터 차례로 쓰면 4, 3, 1입니다.
> → 가장 큰 몇십몇: 43

34 가장 작은 수를 만들려면 10개씩 묶음의 수는 가장 작은 수인 2로, 낱개의 수는 두 번째로 작은 수인 4로 만들어야 합니다. → 24
> **참고 개념**
> 5, 2, 4를 작은 수부터 차례로 쓰면 2, 4, 5입니다.
> → 가장 작은 몇십몇: 24

35 3▲가 33보다 작아야 하므로 ▲는 3보다 작은 수입니다.
→ ▲에 알맞은 수는 0, 1, 2로 모두 3개입니다.

36 4▲가 45보다 작아야 하므로 ▲는 5보다 작은 수입니다.
➡ ▲에 알맞은 수는 0, 1, 2, 3, 4로 모두 5개입니다.

37 1▲가 17보다 커야 하므로 ▲는 7보다 큰 수입니다.
➡ ▲에 알맞은 수는 8, 9입니다.

STEP 3 응용력 올리기 164~167쪽

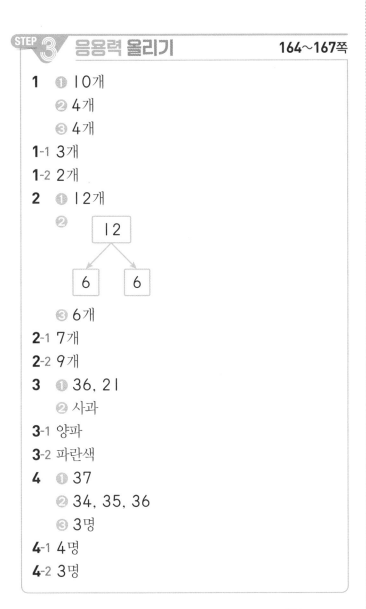

1 ❶ 10개
  ❷ 4개
  ❸ 4개
1-1 3개
1-2 2개
2 ❶ 12개
  ❷

       12
      / \
     6   6

  ❸ 6개
2-1 7개
2-2 9개
3 ❶ 36, 21
  ❷ 사과
3-1 양파
3-2 파란색
4 ❶ 37
  ❷ 34, 35, 36
  ❸ 3명
4-1 4명
4-2 3명

1 ❶ 보기의 모양 1개를 만드는 데 필요한 ▨은 몇 개인지 구하기
보기의 모양 1개를 만드는 데 필요한 ▨의 수는 10개입니다.
❷ 주어진 ▨은 10개씩 묶음 몇 개인지 구하기
주어진 ▨은 10개씩 묶음 4개입니다.
❸ 보기의 모양을 몇 개 만들 수 있는지 구하기
▨으로 보기의 모양을 4개 만들 수 있습니다.

1-1 ❶ 보기의 모양 1개를 만드는 데 필요한 ▨의 수는 10개입니다.
❷ 주어진 ▨은 10개씩 묶음 3개입니다.
❸ ▨으로 보기의 모양을 3개 만들 수 있습니다.

1-2 ❶ 보기의 모양 1개를 만드는 데 필요한 ▨의 수는 10개입니다.
❷ 주어진 ▨은 10개씩 묶음 2개입니다.
❸ ▨으로 보기의 모양을 2개 만들 수 있습니다.

2 먼저 초콜릿을 모으기 하여 모두 몇 개인지 구한 후
똑같이 나누어 가져야 하므로 똑같은 두 수로 가르기 하자.
❶ 두 접시에 담겨 있는 초콜릿은 모두 몇 개인지 구하기
3과 9를 모으기 하면 12가 되므로 두 접시에 담겨 있는 초콜릿은 모두 12개입니다.
❷ ❶에서 구한 초콜릿의 수를 똑같은 두 수로 가르기
12는 똑같은 수인 6과 6으로 가르기 할 수 있습니다.
❸ 한 사람이 가질 수 있는 초콜릿은 몇 개인지 구하기
초콜릿 12개를 똑같은 두 수로 가르기 하면 6개와 6개이므로 한 사람이 가질 수 있는 초콜릿은 6개입니다.

2-1 ❶ 두 봉지에 들어 있는 사탕은 모두 몇 개인지 구하기
8과 6을 모으기 하면 14가 되므로 두 봉지에 들어 있는 사탕은 모두 14개입니다.
❷ ❶에서 구한 사탕의 수를 똑같은 두 수로 가르기
14는 똑같은 수인 7과 7로 가르기 할 수 있습니다.
❸ 한 사람이 가질 수 있는 사탕은 몇 개인지 구하기
사탕 14개를 똑같은 두 수로 가르기 하면 7개와 7개이므로 한 사람이 가질 수 있는 사탕은 7개입니다.

2-2 ❶ 두 주머니에 들어 있는 구슬은 모두 몇 개인지 구하기
10과 8을 모으기 하면 18이 되므로 두 주머니에 들어 있는 구슬은 모두 18개입니다.
❷ ❶에서 구한 구슬의 수를 똑같은 두 수로 가르기
18은 똑같은 수인 9와 9로 가르기 할 수 있습니다.
❸ 한 사람이 가질 수 있는 구슬은 몇 개인지 구하기
구슬 18개를 똑같은 두 수로 가르기 하면 9개와 9개이므로 한 사람이 가질 수 있는 구슬은 9개입니다.

정답과 해설

3 **❶ 귤과 배는 각각 몇 개인지 수로 나타내기**
귤: 서른여섯 개 ➜ 36개
배: 10개씩 묶음 2개와 낱개 1개 ➜ 21개
❷ 사과, 귤, 배 중에서 가장 많은 과일 쓰기
10개씩 묶음의 수를 비교하면 42가 가장 큽니다.
➜ 가장 많은 과일은 사과입니다.

3-1 **❶ 당근과 양파는 각각 몇 개인지 수로 나타내기**
당근: 스물다섯 개 ➜ 25개
양파: 10개씩 묶음 2개와 낱개 8개 ➜ 28개
❷ 오이, 당근, 양파 중에서 가장 많은 채소 쓰기
10개씩 묶음의 수가 같으므로 낱개의 수를 비교하
면 28이 가장 큽니다.
➜ 가장 많은 채소는 양파입니다.

3-2 **❶ 색종이는 각각 몇 장인지 수로 나타내기**
노란색 색종이: 32보다 1만큼 더 큰 수 ➜ 33장
초록색 색종이: 스물아홉 장 ➜ 29장
파란색 색종이: 10장씩 묶음 3개와 낱개 4장
➜ 34장
❷ 가장 많은 색종이는 어떤 색인지 구하기
10개씩 묶음의 수를 비교하면 33과 34가 29보다
큽니다. 33과 34는 10개씩 묶음의 수가 같으므로
낱개의 수를 비교하면 34가 33보다 큽니다.
➜ 가장 많은 색종이는 파란색입니다.

4 **❶ 서른일곱 번째를 수로 나타내기**
서른일곱 번째 ➜ 37번째
❷ 33과 ❶에서 답한 수 사이에 있는 수를 모두 쓰기
33-34-35-36-37이므로 33과 37 사이
에 있는 수는 34, 35, 36입니다.
**❸ 연화와 수미 사이에 서 있는 학생은 모두 몇 명인지
구하기**
34번, 35번, 36번 ➜ 3명

4-1 **❶ 마흔한 번째를 수로 나타내기**
마흔한 번째 ➜ 41번째
❷ 36과 ❶에서 답한 수 사이에 있는 수를 모두 쓰기
36-37-38-39-40-41이므로 36과 41
사이에 있는 수는 37, 38, 39, 40입니다.
**❸ 소영이와 효정이 사이에 서 있는 학생은 모두 몇 명인
지 구하기**
37번, 38번, 39번, 40번 ➜ 4명

4-2 **❶ 뒤에서부터 세 번째는 앞에서부터 몇 번째인지 수로
나타내기**

 50부터 거꾸로 세어 앞에서부터 몇 번째인지 구하자!

50부터 거꾸로 3개의 수를 쓰면 50, 49, 48이고
민선이는 뒤에서부터 세 번째에 서 있으므로 앞에서
부터 48번째에 서 있습니다.
❷ 44와 ❶에서 답한 수 사이에 있는 수를 모두 쓰기
44-45-46-47-48이므로 44와 48 사이
에 있는 수는 45, 46, 47입니다.
**❸ 홍주와 민선이 사이에 서 있는 학생은 모두 몇 명인지
구하기**
45번, 46번, 47번 ➜ 3명

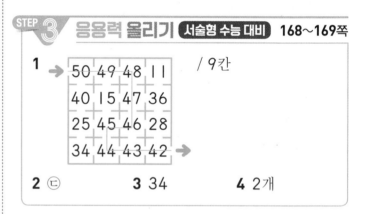

STEP **③** **응용력 올리기** 서술형 수능 대비 168~169쪽

1 ➜
50	49	48	11	/ 9칸
40	15	47	36
25	45	46	28
34	44	43	42	➜

2 ㉢ **3** 34 **4** 2개

1 50부터 수를 거꾸로 세면
50-49-48-47-46-45-44-43-42
이므로 토끼가 지나가는 칸은 모두 9칸입니다.

2 스물세 송이: 23송이 ➜ ㉠: 23
29보다 1만큼 더 큰 수: 30 ➜ ㉡: 30
10개씩 묶음 2개: 20 ➜ ㉢: 20
따라서 23, 30, 20 중 가장 작은 수는 20이므로
㉢입니다.

3 22보다 10개씩 묶음의 수가 1만큼 더 큰 수: 32
32보다 낱개의 수가 1만큼 더 큰 수: 33
33보다 낱개의 수가 1만큼 더 큰 수: 34 ➜ ㉠: 34

4 5와 9를 모으기 하면 14가 되므로 혜미와 상호의
구슬을 모으기 하면 14개입니다.
14와 모으기 하여 19가 되는 수는 5이므로 진세와
연규의 구슬을 모으기 하면 5개입니다.
3과 모으기 하여 5가 되는 수는 2이므로 연규가 가
지고 있던 구슬은 2개입니다.

TEST 단원 기본 평가 170~172쪽

1 10 **2** 13

3 48

4  / 23

5 20, 21

6
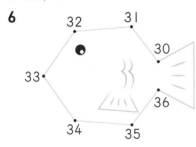

7 열에 ○표

8 (1) 13에 △표 (2) 44에 △표

9 14 **10** 20 / 이십, 스물

11 30, 26

12

13 (위에서부터) 4 / 3 **14** 31개

15 23, 22, 21, 20, 19

16 예 9, 6 / 7, 8 **17** 50송이

18 7, 14

19 예 ❶ ㉠ 7보다 3만큼 더 큰 수 ➡ 10
ⓛ 4와 6을 모으기 한 수 ➡ 10
ⓒ 10개씩 묶음 1개와 낱개 1개 ➡ 11
❷ 나타내는 수가 10이 아닌 것은 ㉢입니다.
답 ㉢

20 예 ❶ 노란색 단추: 열아홉 개 ➡ 19개
검은색 단추: 10개씩 묶음 1개와 낱개 5개
➡ 15개
❷ 10개씩 묶음의 수가 같으므로 낱개의 수를 비
교하면 19가 가장 큽니다.
가장 많은 단추는 노란색입니다. 답 노란색

2 구슬 7개와 6개를 모으기 하면 13개가 됩니다.

4 10개씩 묶어 보면 10개씩 묶음 2개와 낱개 3개이
므로 23입니다.

5 19와 22 사이에 있는 수는 20, 21입니다.

6 30부터 36까지의 수를 순서대로 이어 봅니다.

8 (1) 10개씩 묶음의 수가 더 작은 13이 28보다 작
습니다.
(2) 10개씩 묶음의 수가 같으므로 낱개의 수가 더 작
은 44가 47보다 작습니다.

9 10개씩 묶음 1개와 낱개 4개이므로 사용한 블록은
모두 14개입니다.

10 10개씩 묶음이 2개이므로 20입니다.
20은 이십 또는 스물이라고 읽습니다.

11 10개씩 묶음의 수가 더 큰 30이 26보다 큽니다.

12 왼쪽 딸기는 14개, 오른쪽 딸기는 12개입니다.
10개씩 묶음의 수가 같으므로 낱개의 수를 비교하
면 14가 12보다 큽니다.

13 참고 개념

수	20	30	40	50
10개씩 묶음	2	3	4	5

14 10개씩 묶음 3개와 낱개 1개 ➡ 31
따라서 호빵은 모두 31개입니다.

15 큰 수부터 순서대로 쓰면
23 — 22 — 21 — 20 — 19입니다.

16 15는 9와 6, 7과 8 등 여러 가지 방법으로 가르기
할 수 있습니다.

17 장미는 모두 10송이씩 묶음 5개입니다. ➡ 50송이

18 • 6과 모으기 하여 13이 되는 수는 7입니다.
➡ ㉠=7
• 가르기 하여 4와 10이 되는 수는 14입니다.
➡ ㉡=14

19 채점 기준

❶ ㉠, ㉡, ㉢을 수로 나타냄.	3점	5점
❷ 나타낸 수 중 10이 아닌 것을 찾음.	2점	

20 채점 기준

❶ 노란색 단추와 검은색 단추는 각각 몇 개 인지 수로 나타냄.	2점	5점
❷ 가장 많은 단추는 어떤 색인지 구함.	3점	

정답과 해설

TEST 단원 실력 평가 **173~175쪽**

1 9
2 서아
3 (1) 37 (2) 4
4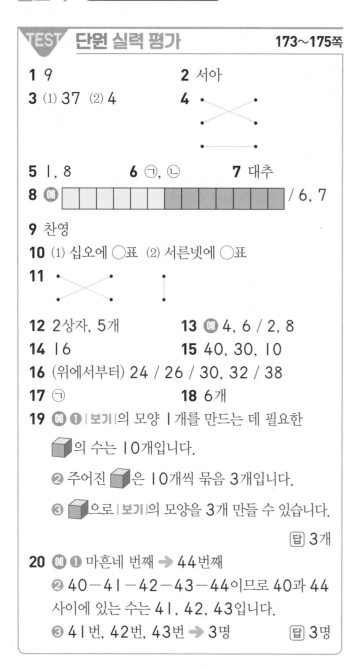
5 1, 8
6 ㉠, ㉡
7 대추
8 (예) / 6, 7
9 찬영
10 (1) 십오에 ○표 (2) 서른넷에 ○표
11
12 2상자, 5개
13 (예) 4, 6 / 2, 8
14 16
15 40, 30, 10
16 (위에서부터) 24 / 26 / 30, 32 / 38
17 ㉠
18 6개
19 (예) ❶ |보기|의 모양 1개를 만드는 데 필요한
□의 수는 10개입니다.
❷ 주어진 □은 10개씩 묶음 3개입니다.
❸ □으로 |보기|의 모양을 3개 만들 수 있습니다.
답 3개
20 (예) ❶ 마흔네 번째 ➡ 44번째
❷ 40−41−42−43−44이므로 40과 44
사이에 있는 수는 41, 42, 43입니다.
❸ 41번, 42번, 43번 ➡ 3명
답 3명

2 10은 상황과 대상에 따라 십 또는 열이라고 읽을 수 있습니다. 10층은 십 층이라고 읽습니다.

3 (1) 10개씩 묶음 3개와 낱개 7개 ➡ 37
(2) 45 ➡ 10개씩 묶음 4개와 낱개 5개

4 5와 9, 7과 7, 8과 6을 모으기 하면 14가 됩니다.

5 18은 10개씩 묶음 1개와 낱개 8개인 수입니다.

6 10개씩 묶음이 4개인 수는 40이고, 40은 사십 또는 마흔이라고 읽습니다.

7 10개씩 묶음을 나타내는 수를 알아보면 19는 1, 23은 2입니다. 따라서 10개씩 묶음의 수가 작은 대추의 수가 더 적습니다.

8 13은 6과 7 등 여러 가지 방법으로 가르기 할 수 있습니다.

9 찬영: 10은 9보다 1만큼 더 큰 수입니다.

10 (1) 15(십오, 열다섯)
(2) 34(삼십사, 서른넷)

11 9와 1, 6과 4, 7과 3을 모으기 하면 10이 됩니다.

12 25는 10개씩 묶음 2개와 낱개 5개입니다.
따라서 물병 25개는 2상자가 되고, 5개가 남습니다.

13 10은 1과 9, 2와 8, 3과 7, 4와 6, 5와 5 등 여러 가지 방법으로 가르기 할 수 있습니다.

14 7과 5를 모으기 하면 12가 됩니다. 4와 12를 모으기 하면 16이 되므로 ㉠에 알맞은 수는 16입니다.

15 30은 10개씩 묶음이 3개, 10은 10개씩 묶음이 1개, 40은 10개씩 묶음이 4개입니다.
➡ 큰 수부터 순서대로 쓰면 40, 30, 10입니다.

16 화살표를 따라 수가 1씩 커집니다.

17 ㉠ 명주의 달리기 기록은 십칠 초입니다.
㉡ 첫째 형은 열일곱 살입니다.
㉢ 친구는 앞에서부터 열일곱 번째에 줄을 섰습니다.

18 5와 7을 모으기 하면 12가 되므로 두 상자에 들어 있는 사과는 모두 12개입니다. 12는 똑같은 두 수인 6과 6으로 가르기 할 수 있으므로 한 사람이 가질 수 있는 사과는 6개입니다.

19 ◣ 채점 기준

❶ |보기|의 모양 1개를 만드는 데 필요한 □의 수를 구함.	2점	
❷ 주어진 □은 10개씩 묶음이 몇 개인지 구함.	2점	5점
❸ □으로 |보기|의 모양을 몇 개 만들 수 있는지 구함.	1점	

20 ◣ 채점 기준

❶ 마흔네 번째를 수로 나타냄.	2점	
❷ 40과 44 사이에 있는 수를 모두 씀.	2점	5점
❸ 문호와 동주 사이에 서 있는 학생은 모두 몇 명인지 구함.	1점	

정답과 해설

1 9까지의 수

1 3마리		**2** 5명	
3 여섯째		**4** 셋째	
5 다섯째		**6** 둘째	
7 4, 5		**8** 3, 4	
9 6		**10** ㉡	
11 3개		**12** 4	
13 9권		**14** 5	

1 ❶ 그림에서 셋째와 일곱째 찾기
셋째와 일곱째를 찾습니다.

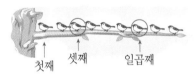

첫째　　셋째　　　일곱째

❷ 셋째와 일곱째 사이에 있는 참새 수 구하기
셋째와 일곱째 사이에 있는 참새는 모두 3마리입니다.

2 ❶ 사람 수만큼 ◯를 그려 나타낸 다음 둘째와 여덟째 찾기

둘째　　　　여덟째

❷ 둘째와 여덟째 사이에 서 있는 사람 수 구하기
둘째와 여덟째 사이에 서 있는 사람은 모두 5명입니다.

3 ❶ 앞에서 넷째 찾기
◯를 9개 그리고 앞에서 넷째에 색칠합니다.
(앞) ◯◯◯●◯◯◯◯◯ (뒤)
❷ 윤지는 뒤에서 몇째인지 구하기
색칠한 ◯는 뒤에서 여섯째이므로 윤지는 뒤에서 여섯째에 서 있습니다.

4 ❶ 앞에서 여섯째 찾기
(앞) ◯◯◯◯◯●◯◯ (뒤)
❷ 하린이는 뒤에서 몇째인지 구하기
색칠한 ◯는 뒤에서 셋째이므로 하린이는 뒤에서 셋째에 서 있습니다.

5 ❶ 가장 큰 수 찾기
수 카드에 쓰인 수들을 작은 수부터 차례로 쓰면 2, 3, 5, 7, 8이므로 가장 큰 수는 8입니다.
❷ 가장 큰 수는 왼쪽에서 몇째에 있는지 구하기
8은 왼쪽에서 다섯째에 있습니다.

6 ❶ 가장 큰 수 찾기
수 카드에 쓰인 수들을 작은 수부터 차례로 쓰면 0, 1, 4, 6, 7이므로 가장 큰 수는 7입니다.
❷ 가장 큰 수는 오른쪽에서 몇째에 있는지 구하기
7은 오른쪽에서 둘째에 있습니다.

7 ❶ ㉠을 만족하는 수 모두 찾기
1부터 9까지의 수 중에서 3보다 큰 수를 모두 찾으면 4, 5, 6, 7, 8, 9입니다.
❷ ❶에서 찾은 수 중에서 ㉡을 만족하는 수 모두 찾기
❶에서 찾은 수 중에서 6보다 작은 수는 4, 5입니다.
따라서 ㉠과 ㉡을 만족하는 수는 4, 5입니다.

8 ❶ ㉠을 만족하는 수 모두 찾기
2와 7 사이에 있는 수를 모두 찾으면 3, 4, 5, 6입니다.
❷ ❶에서 찾은 수 중에서 ㉡을 만족하는 수 모두 찾기
❶에서 찾은 수 중에서 5보다 작은 수는 3, 4입니다.
따라서 ㉠과 ㉡을 만족하는 수는 3, 4입니다.

9 빨간색 크레파스는 4개, 파란색 크레파스는 6개입니다.
➔ 6은 4보다 큽니다.
➔ 파란색 크레파스가 빨간색 크레파스보다 더 많습니다.

10 모두 숫자로 나타내면
㉠ 3 ㉡ 2 ㉢ 6 ㉣ 5
➔ 2<3<5<6이므로 가장 작은 수는 2입니다.
따라서 나타내는 수가 가장 작은 것은 ㉡입니다.

11 주어진 수와 7을 작은 수부터 차례로 쓰면
2, 3, 6, 7, 8, 9
7보다 작은 수 ⟵　7보다 큰 수 ⟶
따라서 7보다 작은 수는 2, 3, 6입니다. ➔ 3개

12

$$3 \xrightarrow{\text{I만큼 더 큰 수}} \boxed{\text{현서가 생각한 수}}$$
$$\xleftarrow{\text{I만큼 더 작은 수}}$$

3보다 I만큼 더 큰 수는 4이므로 현서가 생각한 수는 4입니다.

13 동화책의 수: 7보다 I만큼 더 큰 수 ➡ 8권
위인전의 수: 8보다 I만큼 더 큰 수 ➡ 9권

14 수 카드에 쓰인 수들을 작은 수부터 차례로 쓰면
I, 2, ⑤, 7, 8, 9입니다.
➡ 왼쪽에서 셋째에 있는 수는 5입니다.

주의 개념
수 카드에서 셋째에 있는 수를 찾아 7이라고 답하지 않도록 주의합니다.

8 다람쥐가 없는 것을 수로 나타내면 0입니다.

9 왼쪽에서 둘째에 있는 풍선은 주황색 풍선이고, 주황색 풍선은 오른쪽에서 넷째입니다.

10 햄버거의 수를 세어 보면 8입니다.
8보다 I만큼 더 작은 수는 7입니다.

11 ㉠ 우리 모둠은 여섯 명입니다.

12 건우: 8은 9보다 작습니다.
9는 8보다 큽니다.

13 작은 수부터 차례로 쓰면
$$0 \quad 2 \quad 5 \quad \underset{\longleftarrow}{6} \quad 7 \quad 8$$
이므로 6보다 작은 수는 0, 2, 5입니다.

14 5<8이므로 더 많이 있는 꽃은 카네이션입니다.

15 수 카드에 쓰인 수들을 작은 수부터 차례로 쓰면 0, 2, 3, 5, 8이므로 가장 큰 수는 8입니다.
➡ 8은 왼쪽에서 셋째에 있습니다.

1단원 실력 평가 1회   6~7쪽

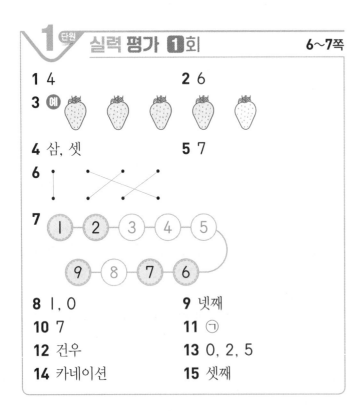

1 4
2 6
3 예
4 삼, 셋
5 7
6
7 ① ② 3 4 5 / 9 8 7 6
8 I, 0
9 넷째
10 7
11 ㉠
12 건우
13 0, 2, 5
14 카네이션
15 셋째

3 딸기의 수를 세어 하나, 둘, 셋, 넷만큼 색칠합니다.

4 3을 삼 또는 셋이라고 읽습니다.

5 6보다 I만큼 더 큰 수는 6 바로 뒤의 수이므로 7입니다.

6 6 ➡ 여섯, 7 ➡ 일곱, 8 ➡ 여덟, 9 ➡ 아홉

7 I부터 9까지 수의 순서에 맞게 써넣습니다.

1단원 실력 평가 2회   8~9쪽

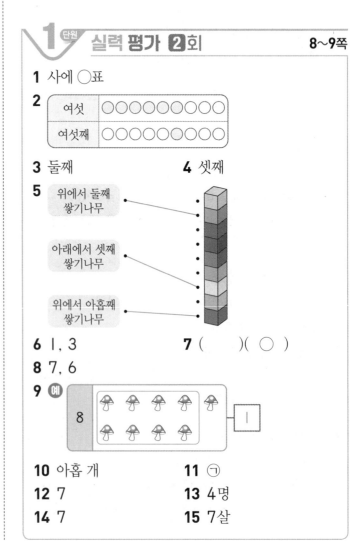

1 사에 ◯표
2

여섯	◯◯◯◯◯◯○○○○
여섯째	○○○○○◯○○○○

3 둘째
4 셋째
5 위에서 둘째 쌓기나무 / 아래에서 셋째 쌓기나무 / 위에서 아홉째 쌓기나무
6 I, 3
7 ( )(◯)
8 7, 6
9 예
8 [버섯 그림] I
10 아홉 개
11 ㉠
12 7
13 4명
14 7
15 7살

---

1 병아리의 수를 세어 보면 하나, 둘, 셋, 넷이므로 4 입니다. ➡ 4(사, 넷)

2 • 여섯: 하나, 둘, 셋, 넷, 다섯, 여섯이므로 여섯 개 까지 색칠합니다.
• 여섯째: 여섯째에 있는 ◯에만 색칠합니다.

3 민하는 앞에서 둘째에 서 있습니다.

4 재석이 뒤에는 도윤, 하은이가 있으므로 뒤에서 셋 째에 서 있습니다.

6 2보다 1만큼 더 작은 수는 2 바로 앞의 수로 1이고, 2보다 1만큼 더 큰 수는 2 바로 뒤의 수로 3입니다.

7 수를 순서대로 쓰면 1, 2, 3, 4입니다.
4가 3보다 더 뒤에 있으므로 4가 더 큽니다.

8 8부터 순서를 거꾸로 하여 수를 쓰면 8, 7, 6, 5, 4 입니다.

9 8은 여덟이므로 버섯을 차례로 세어 여덟까지 묶고 묶지 않은 것을 세어 보면 하나(1)입니다.

10 9개 ➡ 아홉 개

11 ㉠ 8 ㉡ 6 ㉢ 7
➡ 작은 수부터 차례로 쓰면 6, 7, 8이므로 가장 큰 수는 8입니다. 따라서 나타내는 수가 가장 큰 것 은 ㉠입니다.

12
1만큼 더 큰 수
㉠ ←———————→ 8
1만큼 더 작은 수

8보다 1만큼 더 작은 수는 7입니다.
따라서 ㉠은 7입니다.

13 9명을 ◯로 나타내고 넷째와 아홉째를 찾습니다.
◯◯◯◯◯◯◯◯◯
　　넷째　　　아홉째
➡ 넷째와 아홉째 사이에 서 있는 사람은 모두 4명입 니다.

14 ㉠ 4와 8 사이에 있는 수를 모두 찾으면 5, 6, 7입 니다.
㉡ ㉠에서 찾은 수 중에서 6보다 큰 수는 7입니다.
따라서 ㉠과 ㉡을 만족하는 수는 7입니다.

15 민하의 나이: 9보다 1만큼 더 작은 수 ➡ 8살
지유의 나이: 8보다 1만큼 더 작은 수 ➡ 7살

2 여러 가지 모양

2 단원 응용력 강화 문제　　10~13쪽

1 ◯에 ◯표　　　　**2** ◯에 ◯표
3 ▱에 ◯표　　　　**4** ▱에 ◯표
5 ㉡　　　　　　　**6** ㉠
7 ▱에 △표, ▱에 ◯표
8 ▱에 △표, ◯에 ◯표
9 2개
10 예 ▱ 모양은 둥근 부분이 없어서 잘 굴러가지 않습니다.
11 나　　　　　　　**12** 1개
13 6개　　　　　　　**14** 2개

1 ❶ 각 모양의 개수 구하기
▱ 모양: 1개, ▱ 모양: 1개, ◯ 모양: 3개
❷ 가장 많은 모양 찾기
3이 가장 크므로 가장 많은 모양은 ◯ 모양입니다.

2 ❶ 각 모양의 개수 구하기
▱ 모양: 2개, ▱ 모양: 2개, ◯ 모양: 1개
❷ 가장 적은 모양 찾기
1이 가장 작으므로 가장 적은 모양은 ◯ 모양입 니다.

3 ❶ 왼쪽 모양에 이용한 모양 찾기
왼쪽 모양을 만드는 데 이용한 모양: ▱, ◯ 모양
❷ 오른쪽 모양에 이용한 모양 찾기
오른쪽 모양을 만드는 데 이용한 모양: ▱, ▱ 모양
❸ 두 모양에 모두 이용한 모양 찾기
두 모양을 만드는 데 모두 이용한 모양: ▱ 모양

4 ❶ 왼쪽 모양에 이용한 모양 찾기
왼쪽 모양을 만드는 데 이용한 모양: ▱, ◯ 모양
❷ 오른쪽 모양에 이용한 모양 찾기
오른쪽 모양을 만드는 데 이용한 모양: ▱, ▱ 모양
❸ 두 모양에 모두 이용한 모양 찾기
두 모양을 만드는 데 모두 이용한 모양: ▱ 모양

5 ❶ 보기 에서 각 모양의 개수 구하기
보기 에서 ▱ 모양: 1개, ▱ 모양: 5개,
◯ 모양: 1개

❷ ㉠, ㉡에 이용한 각 모양의 개수 구하기
㉠을 만드는 데 이용한 ⬜ 모양: 1개,
⬛ 모양: 6개
㉡을 만드는 데 이용한 ⬜ 모양: 1개,
⬛ 모양: 5개, ⚪ 모양: 1개
❸ |보기|의 모양을 모두 이용한 모양 찾기
|보기|의 모양과 각 모양의 개수가 같은 것은 ㉡입니다.

6 ❶ |보기|에서 각 모양의 개수 구하기
|보기|에서 ⬜ 모양: 3개, ⬛ 모양: 1개,
⚪ 모양: 4개
❷ ㉠, ㉡에 이용한 각 모양의 개수 구하기
㉠을 만드는 데 이용한 ⬜ 모양: 3개,
⬛ 모양: 1개, ⚪ 모양: 4개
㉡을 만드는 데 이용한 ⬜ 모양: 3개,
⬛ 모양: 1개, ⚪ 모양: 3개
❸ |보기|의 모양을 모두 이용한 모양 찾기
|보기|의 모양과 각 모양의 개수가 같은 것은 ㉠입니다.

7 ❶ 이용한 각 모양의 개수 구하기
모양을 만드는 데 이용한 ⬜ 모양은 1개, ⬛ 모양은 5개, ⚪ 모양은 3개입니다.
❷ 가장 많이 이용한 모양, 가장 적게 이용한 모양 찾기
5가 가장 크고 1이 가장 작으므로 가장 많이 이용한 모양은 ⬛ 모양, 가장 적게 이용한 모양은 ⬜ 모양입니다.

8 ❶ 이용한 각 모양의 개수 구하기
모양을 만드는 데 이용한 ⬜ 모양은 4개, ⬛ 모양은 2개, ⚪ 모양은 5개입니다.
❷ 가장 많이 이용한 모양, 가장 적게 이용한 모양 찾기
5가 가장 크고 2가 가장 작으므로 가장 많이 이용한 모양은 ⚪ 모양, 가장 적게 이용한 모양은 ⬛ 모양입니다.

9 모든 방향으로 쌓을 수 있고 잘 굴러가지 않는 것은 ⬜ 모양입니다.
⬜ 모양은 상자, 필통으로 모두 2개입니다.

10 평가 기준
⬜ 모양이 둥근 부분이 없어서라고 했으면 정답으로 합니다.

11 두 모양에 이용한 ⬛ 모양의 개수를 구하면
가: 4개, 나: 5개입니다.
5가 4보다 크므로 ⬛ 모양을 더 많이 이용한 것은 나입니다.

12 ⚪ 모양: 3개, ⬜ 모양: 2개
3은 2보다 1만큼 더 큰 수이므로 이용한 ⚪ 모양은 ⬜ 모양보다 1개 더 많습니다.

13 모양을 만드는 데 이용한 ⬛ 모양: 3개
주어진 모양을 1개 만드는 데 ⬛ 모양이 3개 필요하므로 같은 모양을 2개 만들려면 ⬛ 모양은 모두 6개 필요합니다.

14 주어진 모양을 만들려면 ⬜ 모양이 3개 필요한데 1개가 모자랐으므로 처음에 가지고 있던 ⬜ 모양은 3개보다 1개 더 적은 2개입니다.

2단원 실력 **평가** ❶회   14~15쪽

1 (　　)(　　)(○)
2 (선 연결)   3 ⬜에 ○표
4 ⬛에 ×표
5 (△)(□)(○)
6 3개   7 2개
8 다은   9 2개
10 ⬛에 ○표   11 3개
12 6개, 1개, 2개
13 ⬜에 ○표   14 3개
15 (　　)(○)(　　)

1 통조림 캔: ⬛ 모양, 냉장고: ⬜ 모양

2 둥근 부분과 평평한 부분이 보이므로 ⬛ 모양입니다.
⬛ 모양을 찾으면 통조림 캔입니다.

3 ⬜ 모양의 물건을 모은 것입니다.

4 ⬜ 모양과 ⚪ 모양으로 만든 모양입니다.
따라서 이용하지 않은 모양은 ⬛ 모양입니다.

5 물통: ⬛ 모양, 체중계: ⬜ 모양, 수박: ⚪ 모양

6 (원기둥)모양: 두루마리 휴지, 풀, 타이어 ➡ 3개

7 (공)모양은 야구공, 볼링공으로 모두 2개입니다.

8 주사위는 (상자)모양으로 모든 부분이 평평합니다. 따라서 물건을 보고 바르게 설명한 사람은 다은입니다.

9 (상자)모양: 3개, (원기둥)모양: 2개, (공)모양: 2개

10 둥근 부분과 평평한 부분이 있는 모양은 (원기둥)모양입니다.

11 모든 방향으로 잘 굴러가는 모양은 (공)모양입니다. (공)모양은 축구공, 야구공, 구슬로 모두 3개입니다.

13 가 모양에 이용한 모양: (원기둥), (상자)모양
나 모양에 이용한 모양: (공), (상자)모양
➡ 가, 나 모양에 모두 이용한 모양은 (상자)모양입니다.

14 왼쪽 보이는 모양은 둥근 부분만 보이므로 (공)모양입니다.
따라서 오른쪽 모양을 만드는 데 이용한 (공)모양은 모두 3개입니다.

15 둥근 부분이 있는 것은 (원기둥)모양과 (공)모양입니다. (공)모양은 둥근 부분만 있어 모든 방향으로 잘 굴러가고, (원기둥)모양은 평평한 부분이 있어 눕히면 한쪽 방향으로만 잘 굴러가므로 설명하는 모양은 (원기둥)모양입니다.

2단원 실력 평가 2회
16~17쪽

1 ㉢
2 ·⟨선 잇기⟩·
3 ㉠
4 ㉡
5 3개
6 ㉠
7 ②
8 예 물통
9 ㉡
10 (공)에 ○표
11 (원기둥)에 ○표
12 1개
13 ③, ④
14 ·⟨선 잇기⟩·
15 6개

---

1 둥근 부분만 보이므로 (공)모양입니다.

2 비누는 (상자)모양, 음료수 캔은 (원기둥)모양, 수박은 (공)모양입니다.

3 서랍장, 주사위, 과자 상자는 (상자)모양입니다.

4 두루마리 휴지, 풀, 통조림 캔은 (원기둥)모양입니다.

5 (상자)모양: 3개, (원기둥)모양: 4개, (공)모양: 2개

6 평평한 부분이 없는 것은 (공)모양이므로 ㉠입니다.

7 ② 양초는 (원기둥)모양입니다.

8 풀, 휴지, 음료수 캔 등 다양한 물건을 찾아봅니다.

9 평평한 부분이 있어서 한쪽 방향으로만 잘 굴러가는 모양은 (원기둥)모양입니다. (원기둥)모양을 찾으면 ㉡입니다.

10 주어진 모양을 만드는 데 이용한 (상자)모양은 4개, (원기둥)모양은 3개, (공)모양은 2개입니다.
➡ 2가 가장 작으므로 가장 적게 이용한 모양은 (공)모양입니다.

11 (상자)모양: 2개, (원기둥)모양: 3개, (공)모양: 1개

12 (상자)모양은 2개, (원기둥)모양은 5개, (공)모양은 4개입니다.
5는 4보다 1만큼 더 큰 수이므로 (원기둥)모양은 (공)모양보다 1개 더 많이 필요합니다.

13 뾰족하고 평평한 부분이 보이므로 (상자)모양입니다.
①, ② (공)모양에 대한 설명입니다.
⑤ (원기둥)모양에 대한 설명입니다.

14 왼쪽에 있는 모양과 오른쪽에 만들어진 모양을 비교하여 찾습니다.

15 (상자)모양을 4개 이용하여 만들었는데 2개가 남았습니다.
4보다 1만큼 더 큰 수: 5
5보다 1만큼 더 큰 수: 6
➡ 처음에 가지고 있던 (상자)모양은 6개입니다.

정답과 해설

③ 덧셈과 뺄셈

1 5가지 **2** 3가지
3 7개 **4** 8개
5 8 **6** 8-2=6
7 6 **8** 3
9 재현 **10** 2
11 **12** 3

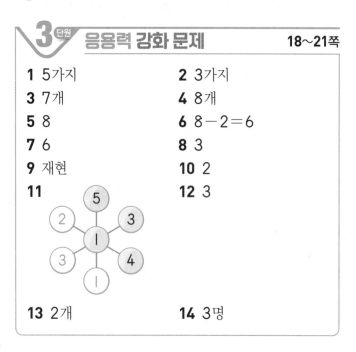

13 2개 **14** 3명

---

1 ❶ 현서와 건우가 나누어 가지는 방법 알아보기

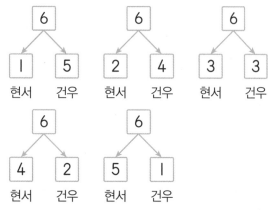

❷ 현서와 건우가 구슬을 나누어 가지는 방법은 모두 몇 가지인지 구하기
현서와 건우가 구슬을 나누어 가지는 방법은 모두 5가지입니다.

2 ❶ 소민이와 미주가 나누어 가지는 법법 알아보기

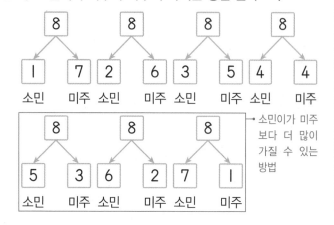

→ 소민이가 미주보다 더 많이 가질 수 있는 방법

❷ 소민이가 미주보다 사탕을 더 많이 가질 수 있는 방법은 모두 몇 가지인지 구하기
소민이가 미주보다 사탕을 더 많이 가지는 방법은 모두 3가지입니다.

3 ❶ 종국이가 가지고 있는 지우개 수 구하기
(종국이가 가지고 있는 지우개 수)
=4-1=3(개)
❷ 재석이와 종국이가 가지고 있는 지우개 수의 합 구하기
(재석이와 종국이가 가지고 있는 지우개 수의 합)
=(재석이가 가지고 있는 지우개 수)
　+(종국이가 가지고 있는 지우개 수)
=4+3=7(개)

> **참고 개념**
> '■는 ▲보다 더 적게'는 뺄셈식으로,
> '■와 ▲가 모두'는 덧셈식으로 나타냅니다.

4 ❶ 서현이와 승연이가 각각 가지고 있는 물감 수 구하기
(서현이가 가지고 있는 물감 수)=2+3=5(개)
(승연이가 가지고 있는 물감 수)=2+1=3(개)
❷ 서현이와 승연이가 가지고 있는 물감 수의 합 구하기
(서현이와 승연이가 가지고 있는 물감 수의 합)
=5+3=8(개)

5 ❶ 가장 큰 수와 가장 작은 수 각각 구하기
차가 가장 큰 뺄셈식은 가장 큰 수에서 가장 작은 수를 빼면 됩니다.
큰 수부터 차례대로 쓰면 9, 8, 6, 3, 1이므로 가장 큰 수는 9이고 가장 작은 수는 1입니다.
❷ 차가 가장 큰 뺄셈식 만들어 계산 결과 구하기
차가 가장 큰 뺄셈식은 9-1=8입니다.

6 ❶ 가장 큰 수와 가장 작은 수 각각 구하기
두 수의 차가 가장 크려면
(가장 큰 수)-(가장 작은 수)여야 합니다.
큰 수부터 차례대로 쓰면 8, 7, 5, 4, 2이므로 가장 큰 수는 8이고 가장 작은 수는 2입니다.
❷ 차가 가장 큰 뺄셈식 만들기
차가 가장 큰 뺄셈식은 8-2=6입니다.

7 ❶ ▲에 알맞은 수 구하기
◆+◆=▲ ➡ 2+2=4이므로 ▲=4입니다.
❷ ★에 알맞은 수 구하기
★-▲=◆이므로 ★-4=2입니다.
➡ 6-4=2이므로 ★=6입니다.

8 ❶ ●에 알맞은 수 구하기
1+●=8에서 1과 더해서 8이 되는 수는 7이므로 1+7=8, ●=7입니다.
❷ ★에 알맞은 수 구하기
●−★=4, 7−★=4에서 7−3=4이므로
★=3입니다.

9 (재현이가 먹은 과일 수)=1+5=6(개)
(민재가 먹은 과일 수)=2+2=4(개)
➜ 6은 4보다 더 크므로 재현이가 과일을 더 많이 먹었습니다.

10 어떤 수는 합 8에서 더한 수 3을 빼야 합니다.
어떤 수는 8−3=5이므로 바르게 계산하면
5−3=2입니다.

11

• 세 수 ㉠, 1, 4에서 1과 4를 모으기 하면 5가 되므로 나머지 수 ㉠은 2입니다.
• 세 수 ㉡, 1, 3에서 1과 3을 모으기 하면 4가 되므로 나머지 수 ㉡은 3입니다.
• 세 수 5, 1, ㉢에서 5와 1을 모으기 하면 6이 되므로 나머지 수 ㉢은 1입니다.

참고 개념
• 세 수 모으기 하기
두 수를 먼저 모으기 한 후 그 수와 나머지 수를 모으기 합니다.

12 □+1=4에서 3+1=4이므로 □=3입니다.
3+□=6에서 3+3=6이므로 □=3입니다.
7−□=4에서 7−3=4이므로 □=3입니다.
따라서 □ 안에 들어갈 수는 3입니다.

13 가 접시의 사탕이 나 접시의 사탕보다
7−3=4(개) 더 많습니다.
4는 똑같은 두 수 2와 2로 가르기 할 수 있으므로 사탕의 수가 같아지려면 가 접시에서 나 접시로 사탕을 2개 옮겨야 합니다.

14 (놀이터에 남은 어린이 수)=9−3=6(명)
6은 똑같은 두 수 3과 3으로 가르기 할 수 있으므로 놀이터에 남은 남자 어린이는 3명입니다.

3단원 실력 평가 1회 22~23쪽

1 (1) 6 (2) 7
2 2, 5
3 (1) 9 (2) 5 (3) 0 (4) 5
4 4
5 9, 3
6 ③
7 8−3=5, 예 8 빼기 3은 5와 같습니다.
8 5
9 5, 4에 ○표
10 예 7−1=6, 8−2=6
11 4개
12 5−2=3, 3명
13 (1) − (2) +
14 2+5=7(또는 5+2=7)
/ 7−2=5(또는 7−5=2)
15 5개

1 (1) 2와 4를 모으기 하면 6이 됩니다.
(2) 8은 1과 7로 가르기 할 수 있습니다.

2 나비가 3마리와 2마리이므로 3+2=5입니다.

3 (2) (어떤 수)−0=(어떤 수)
(3) (어떤 수)−(어떤 수)=0

4 가르기 한 두 수를 다시 모으기 하면 처음 수가 됩니다.
➜ 1과 3, 2와 2, 3과 1을 모으기 하면 4입니다.

5 4+5=9, 9−6=3

6 ① 2+3=⑤   ② 1+4=⑤
③ 4+2=⑥   ④ 5+0=⑤
⑤ 3+2=⑤
➜ □ 안에 들어갈 수가 다른 것은 ③입니다.

47

7 8-3=5는 '8과 3의 차는 5입니다.'라고 읽을 수도 있습니다.

8 2와 2로 가르기 할 수 있는 수는 4이므로 ㉠=4입니다.
3과 모으기 하여 4가 되는 수는 1이므로 ㉡=1입니다.
따라서 4와 1을 모으기 하면 5입니다.

9 0과 9, 1과 8, 2와 7, 3과 6, 4와 5, 5와 4, 6과 3, 7과 2, 8과 1, 9와 0을 모으기 하면 9가 됩니다.

10 7-1=6, 8-2=6, 9-3=6, 6-0=6으로 만들 수 있습니다.

11 8을 두 수로 가르기 하는 경우 중 두 수가 같은 경우는 4와 4입니다.
따라서 한 바구니에 귤을 4개씩 담으면 됩니다.

12 (어른 수)-(어린이 수)=5-2=3(명)

13 ⑴ 가장 왼쪽의 수(5)보다 결과(4)가 작으므로 □ 안에 -를 씁니다.
⑵ 왼쪽 두 수(2, 7)보다 결과(9)가 크므로 □ 안에 +를 씁니다.

15 (친구에게 3개를 받기 전의 구슬 수)
=6-3=3(개)
(동생에게 2개를 주기 전의 구슬 수)
=3+2=5(개)
따라서 서영이가 처음에 가지고 있던 구슬은 5개입니다.

3단원 실력 평가 2회 24~25쪽

1 ⑴ 4 ⑵ 2
2 (×)( )
3
4 4 / 6, 4
5 ⑴ 0 ⑵ 4
6 ㉡
7 ㉠
8 ㉡
9 5+4=9
10 ㉠, ㉢, ㉡
11 5+2=7, 7살
12 6
13 태민, 3장
14 8개
15 5장

2 9는 0과 9, 1과 8, 2와 7, 3과 6, 4와 5, 5와 4, 6과 3, 7과 2, 8과 1, 9와 0으로 가르기 할 수 있습니다.

3 5+2=7, 9-1=8

4 6은 2와 4로 가르기 할 수 있습니다.
➡ 6-2=4

5 ⑴ (어떤 수)+0=(어떤 수)
⑵ (어떤 수)-(어떤 수)=0

6 ㉠ 1과 6을 모으기 하면 7입니다.
㉡ 3과 5를 모으기 하면 8입니다.
㉢ 4와 3을 모으기 하면 7입니다.
➡ 두 수를 모으기 한 수가 다른 주머니는 ㉡입니다.

7 ㉠ 3 + 6=9   ㉡ 8 - 4=4
㉢ 6 - 1=5   ㉣ 7 - 2=5

8 ㉠ 6 +0=6   ㉡ 8- 8 =0
➡ 8이 6보다 더 큽니다.

9 합이 가장 큰 덧셈식을 만들려면 가장 큰 수와 두 번째로 큰 수를 더해야 합니다.
가장 큰 수는 5, 두 번째로 큰 수는 4입니다.
따라서 합이 가장 큰 덧셈식은 5+4=9입니다.

10 ㉠ 2+6=8   ㉡ 9-4=5   ㉢ 0+7=7
➡ ㉠ 8 > ㉢ 7 > ㉡ 5

12 2+★=8에서 2+6=8이므로 ★=6입니다.
7-♥=7에서 7-0=7이므로 ♥=0입니다.
➡ ★-♥=6-0=6

13 7과 4 중 더 큰 수는 7입니다.
7-4=3이므로 태민이가 칭찬 붙임딱지를 3장 더 많이 모았습니다.

14 (현지에게 남은 초콜릿 수)=6-3=3(개)
(경민이와 현지가 지금 가지고 있는 초콜릿 수)
=5+3=8(개)

15 7은 1과 6, 2와 5, 3과 4, 4와 3, 5와 2, 6과 1로 가르기 할 수 있습니다. 이 중에서 차가 3인 것은 2와 5, 5와 2이고, 형이 동생보다 색종이를 3장 더 많이 가졌으므로 형은 5장, 동생은 2장 가졌습니다.

4 비교하기

1 우산	**2** 옷걸이
3 ㉠	**4** ㉡
5 ㉡	**6** ㉠
7 학교	**8** 옷장
9 주현	**10** 대추
11 나	**12** ㉠
13 주전자	**14** 둘째

1 **❶ 필통과 칫솔의 길이 비교하기**
필통과 칫솔은 왼쪽 끝이 맞추어져 있으므로 오른쪽을 비교하면 필통이 더 깁니다.
❷ 필통과 우산의 길이 비교하기
필통과 우산은 오른쪽 끝이 맞추어져 있으므로 왼쪽을 비교하면 우산이 더 깁니다.
❸ 가장 긴 것 찾기
가장 긴 것은 우산입니다.

2 **❶ 옷걸이와 리코더의 길이 비교하기**
옷걸이와 리코더는 오른쪽 끝이 맞추어져 있으므로 왼쪽을 비교하면 옷걸이가 더 깁니다.
❷ 옷걸이와 손전등의 길이 비교하기
옷걸이와 손전등은 왼쪽 끝이 맞추어져 있으므로 오른쪽을 비교하면 옷걸이가 더 깁니다.
❸ 가장 긴 것 찾기
가장 긴 것은 옷걸이입니다.

3 **❶ 물을 받을 수 있는 시간과 물통의 크기 사이의 관계 알아보기**
물을 더 빨리 받으려면 물통이 더 작아야 합니다.
❷ 물을 더 빨리 받을 수 있는 것 찾기
물을 더 빨리 받을 수 있는 것: ㉠

4 **❶ 물을 받을 수 있는 시간과 물통의 크기 사이의 관계 알아보기**
물을 더 빨리 받으려면 물통이 더 작아야 합니다.
❷ 물을 더 빨리 받을 수 있는 것 찾기
물을 더 빨리 받을 수 있는 것: ㉡

5 **❶ ㉠, ㉡, ㉢은 각각 작은 칸으로 몇 칸인지 세어 보기**
㉠은 5칸, ㉡은 6칸, ㉢은 4칸입니다.

❷ 가장 긴 것 찾기
칸 수가 많을수록 길이가 긴 것이므로 ㉡이 가장 깁니다.

6 **❶ ㉠, ㉡, ㉢은 각각 작은 칸으로 몇 칸인지 세어 보기**
㉠은 7칸, ㉡은 4칸, ㉢은 6칸입니다.
❷ 가장 긴 것 찾기
칸 수가 많을수록 길이가 긴 것이므로 ㉠이 가장 깁니다.

7 **❶ 병원보다 더 낮은 것 찾기**
병원보다 더 낮은 것: 우체국
❷ 병원보다 더 높은 것 찾기
병원보다 더 높은 것: 학교
❸ 가장 높은 것 찾기
높은 것부터 차례로 쓰면 학교, 병원, 우체국이므로 가장 높은 것은 학교입니다.

8 **❶ 책장보다 더 낮은 것 찾기**
책장보다 더 낮은 것: 의자
❷ 책장보다 더 높은 것 찾기
책장보다 더 높은 것: 옷장
❸ 가장 높은 것 찾기
높은 것부터 차례로 쓰면 옷장, 책장, 의자이므로 가장 높은 것은 옷장입니다.

9 남은 물의 양이 더 적은 사람이 더 많이 마신 것입니다. 따라서 물의 높이가 더 낮은 주현이가 물을 더 많이 마셨습니다.

10 호두는 대추보다 더 무겁고, 딸기는 호두보다 더 무겁습니다.
➡ 가벼운 것부터 차례로 쓰면 대추, 호두, 딸기이므로 가장 가벼운 것은 대추입니다.

11 그릇 가에 가득 담았던 물로 그릇 나를 가득 채울 수 없습니다.
따라서 담을 수 있는 양이 더 많은 그릇은 나입니다.

12 보기 에 주어진 것은 4칸이고 ㉠은 5칸, ㉡은 3칸이므로 보기 보다 더 넓은 것은 ㉠입니다.

13 컵으로 부은 횟수가 많을수록 담을 수 있는 양이 더 많습니다. 물통은 컵으로 7번, 주전자는 컵으로 9번을 부어 가득 찼으므로 주전자가 물통보다 담을 수 있는 양이 더 많습니다.

14 키가 큰 사람부터 순서대로 쓰면 남주, 유리, 현하, 진아입니다. 유리는 둘째에 서게 됩니다.

정답과 해설

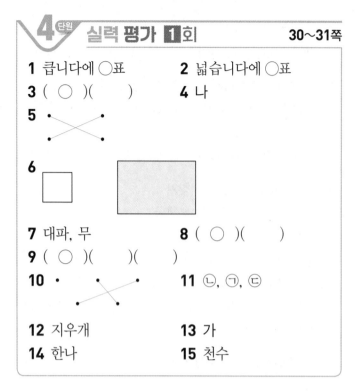

1 큽니다에 ○표　　**2** 넓습니다에 ○표
3 (○)(　　)　　**4** 나
5 •　　　　　•

•　　　　　•
6
□　　　▨
7 대파, 무　　　　**8** (○)(　)
9 (○)(　)(　)
10 •　　•　　•　　**11** ㉡, ㉠, ㉢

•　　•
12 지우개　　　　**13** 가
14 한나　　　　**15** 천수

---

1 아래쪽이 맞추어져 있으므로 위쪽이 남는 광수가 지희보다 키가 더 큽니다.

2 겹쳐 보면 스케치북이 남으므로 스케치북이 색종이보다 더 넓습니다.

3 아래쪽이 맞추어져 있으므로 위쪽이 남는 왼쪽 건물이 더 높습니다.

4 크기가 더 큰 나가 담을 수 있는 양이 더 많습니다.

5 위쪽이 맞추어져 있으므로 아래쪽이 남는 오른쪽 바지가 더 길고, 왼쪽 바지가 더 짧습니다.

6 겹쳐 보았을 때 남는 부분이 있는 것이 더 넓습니다.

7 왼쪽 끝이 맞추어져 있으므로 오른쪽을 비교하면 대파가 무보다 더 깁니다.

8 더 많이 찌그러진 상자가 더 무거운 물건을 올려놓은 것입니다.

9 아래쪽이 맞추어져 있으므로 위쪽이 가장 많이 남는 맨 왼쪽 산이 가장 높습니다.

10 냉장고가 가장 무겁고 운동화가 가장 가볍습니다.

11 겹쳐 보면 가장 많이 남는 것이 액자이고 가장 모자라는 것이 막대사탕입니다.

12 왼쪽 끝이 맞추어져 있으므로 오른쪽을 비교하면 풀보다 더 짧은 것은 지우개입니다.

---

13 그릇 가에 가득 담았던 물을 그릇 나에 부으면 그릇 나에 가득 채우고도 그릇 가에 물이 남습니다.
따라서 담을 수 있는 양이 더 많은 그릇은 가입니다.

14 한나는 예리보다 더 무겁고, 명규는 예리보다 더 가벼우므로 가장 무거운 사람은 한나입니다.

가벼움		무거움
명규	예리	한나

참고 개념
시소에서는 내려간 쪽이 더 무겁고, 올라간 쪽이 더 가볍습니다.

15 천수: ㉡에 담긴 물의 양이 가장 많습니다.

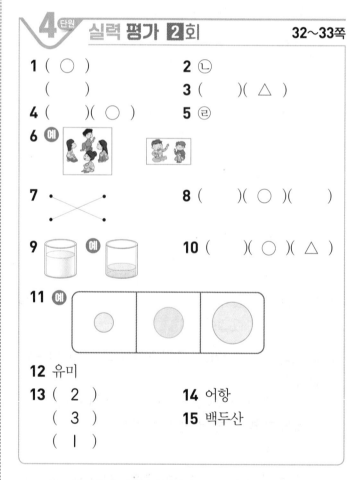

1 (○)

(　)
2 ㉡
3 (　)(△)
4 (　)(○)
5 ㉣
6 예

7 •　　•

•　　•
8 (　)(○)(　)
9 예
10 (　)(○)(△)
11 예

12 유미
13 (2)
(3)
(1)
14 어항
15 백두산

---

1 오른쪽 끝이 맞추어져 있으므로 왼쪽이 남는 위쪽 빵이 아래쪽 빵보다 더 깁니다.

2 왼쪽 끝이 맞추어져 있으므로 오른쪽을 비교하면 ㉡이 ㉠보다 더 짧습니다.

3 양팔 저울에서는 위로 올라간 쪽이 더 가볍고 아래로 내려간 쪽이 더 무겁습니다.

4 아래쪽이 맞추어져 있으므로 위쪽을 비교하면 소가 돼지보다 키가 더 큽니다.

5 ㉠ 길다, 짧다 ➡ 길이를 비교하는 말
㉡ 크다, 작다 ➡ 키를 비교하는 말
㉢ 높다, 낮다 ➡ 높이를 비교하는 말
㉣ 넓다, 좁다 ➡ 넓이를 비교하는 말

6 사람이 많을수록 더 넓은 돗자리가 필요하므로 2명이 앉을 수 있는 돗자리보다 4명이 앉을 수 있는 돗자리를 더 넓게 그립니다.

7 무거울수록 종이 받침대가 많이 찌그러집니다.
따라서 적게 찌그러진 종이 받침대 위에는 지우개, 더 많이 찌그러진 종이 받침대 위에는 우유 통이 올려놓아져 있었습니다.

8 코끼리가 가장 무겁습니다.

9 모양과 크기가 같은 그릇에서는 물의 높이가 낮을수록 물의 양이 더 적습니다.
따라서 오른쪽 그릇의 물의 높이를 왼쪽 그릇의 물의 높이보다 더 낮게 그립니다.

10 그릇의 크기가 클수록 담을 수 있는 양이 많으므로 담을 수 있는 양은 주전자가 가장 많고 컵이 가장 적습니다.

11 왼쪽에는 주어진 모양과 겹쳤을 때 모자라는 ◯ 모양을 그리고 오른쪽에는 주어진 모양과 겹쳤을 때 남는 ◯ 모양을 그립니다.

12 위쪽이 맞추어져 있으므로 아래쪽을 비교하면 유미의 키가 가장 작습니다.

13 양쪽 끝이 맞추어져 있으므로 많이 구부러져 있을수록 곧게 폈을 때 길이가 더 깁니다.
따라서 맨 아래의 줄넘기가 가장 길고 가운데 줄넘기가 가장 짧습니다.

14 컵으로 부은 횟수가 많을수록 담을 수 있는 양이 더 많습니다. 어항은 컵으로 9번, 냄비는 컵으로 8번 부어 가득 찼으므로 어항이 냄비보다 담을 수 있는 양이 더 많습니다.

15 한라산보다 더 낮은 산: 설악산
한라산보다 더 높은 산: 백두산
➡ 높은 산부터 차례로 쓰면 백두산, 한라산, 설악산이므로 가장 높은 산은 백두산입니다.

5 50까지의 수

1 4개 **2** 5개 **3** 6개
4 8개 **5** 사탕 **6** 파란색
7 4명 **8** 5명 **9** 2개
10 예

11 4 ㅣ **12** 43
13 3개 **14** 22

1 ❶ |보기|의 모양 ㅣ개를 만드는 데 필요한 ▦은 몇 개인지 구하기
|보기|의 모양 ㅣ개를 만드는 데 필요한 ▦의 수는 10개입니다.
❷ 주어진 ▦은 10개씩 묶음 몇 개인지 구하기
주어진 ▦은 10개씩 묶음 4개입니다.
❸ |보기|의 모양을 몇 개 만들 수 있는지 구하기
▦으로 |보기|의 모양을 4개 만들 수 있습니다.

2 ❶ |보기|의 모양 ㅣ개를 만드는 데 필요한 ▦은 몇 개인지 구하기
|보기|의 모양 ㅣ개를 만드는 데 필요한 ▦의 수는 10개입니다.
❷ 주어진 ▦은 10개씩 묶음 몇 개인지 구하기
주어진 ▦은 10개씩 묶음 5개입니다.
❸ |보기|의 모양을 몇 개 만들 수 있는지 구하기
▦으로 |보기|의 모양을 5개 만들 수 있습니다.

3 ❶ 두 상자에 들어 있는 축구공은 모두 몇 개인지 구하기
7과 5를 모으기 하면 12가 되므로 두 상자에 들어 있는 축구공은 모두 12개입니다.
❷ ❶에서 구한 축구공의 수를 똑같은 두 수로 가르기
12는 똑같은 수인 6과 6으로 가르기 할 수 있습니다.
❸ 한 사람이 가질 수 있는 축구공은 몇 개인지 구하기
축구공 12개를 똑같은 두 수로 가르기 하면 6개와 6개이므로 한 사람이 가질 수 있는 축구공은 6개입니다.

정답과 해설

4 ❶ 두 봉지에 들어 있는 빵은 모두 몇 개인지 구하기
9와 7을 모으기 하면 16이 되므로 두 봉지에 들어 있는 빵은 모두 16개입니다.
❷ ❶에서 구한 빵의 수를 똑같은 두 수로 가르기
16은 똑같은 수인 8과 8로 가르기 할 수 있습니다.
❸ 한 사람이 가질 수 있는 빵은 몇 개인지 구하기
빵 16개를 똑같은 두 수로 가르기 하면 8개와 8개이 므로 한 사람이 가질 수 있는 빵은 8개입니다.

5 ❶ 사탕과 초콜릿은 각각 몇 개인지 수로 나타내기
사탕: 열여덟 개 ➡ 18개
초콜릿: 10개씩 묶음 1개와 낱개 5개 ➡ 15개
❷ 젤리, 사탕, 초콜릿 중에서 가장 많은 것 쓰기
10개씩 묶음의 수가 같으므로 낱개의 수를 비교하면 18이 가장 큽니다. ➡ 가장 많은 것은 사탕입니다.

6 ❶ 파란색 구슬과 보라색 구슬은 각각 몇 개인지 수로 나타내기
파란색 구슬: 마흔네 개 ➡ 44개
보라색 구슬: 10개씩 묶음 2개와 낱개 9개 ➡ 29개
❷ 가장 많은 구슬은 어떤 색인지 구하기
10개씩 묶음의 수를 비교하면 44가 가장 큽니다.
➡ 가장 많은 구슬은 파란색입니다.

7 ❶ 스물여섯 번째를 수로 나타내기
스물여섯 번째 ➡ 26번째
❷ 21과 ❶에서 답한 수 사이에 있는 수를 모두 쓰기
21−22−23−24−25−26이므로 21과 26 사이에 있는 수는 22, 23, 24, 25입니다.
❸ 우주와 승호 사이에 서 있는 학생은 모두 몇 명인지 구하기
22번, 23번, 24번, 25번 ➡ 4명

8 ❶ 마흔다섯 번째를 수로 나타내기
마흔다섯 번째 ➡ 45번째
❷ 39와 ❶에서 답한 수 사이에 있는 수를 모두 쓰기
39−40−41−42−43−44−45이므로 39와 45 사이에 있는 수는 40, 41, 42, 43, 44입니다.
❸ 주호와 상무 사이에 서 있는 학생은 모두 몇 명인지 구하기
40번, 41번, 42번, 43번, 44번 ➡ 5명

9 40은 10개씩 묶음 4개이므로 귤은 10개씩 묶음 2개가 더 있어야 합니다.

10 영선이가 창호보다 쿠키를 더 많이 가지는 경우

	영선	10	9	8	7	6
11	창호	1	2	3	4	5

11 낱개 11개는 10개씩 묶음 1개와 낱개 1개입니다. 따라서 10개씩 묶음 3개와 낱개 11개는 10개씩 묶음 4개와 낱개 1개이므로 수로 나타내면 41입니다.

12 큰 수부터 차례로 쓰면 4, 3, 2입니다.
가장 큰 수를 만들려면 10개씩 묶음의 수는 가장 큰 수인 4로, 낱개의 수는 두 번째로 큰 수인 3으로 만 들어야 합니다. ➡ 43

13 2▲가 26보다 커야 하므로 ▲는 6보다 큰 수입니다.
➡ ▲에 알맞은 수는 7, 8, 9로 모두 3개입니다.

14 20보다 크고 30보다 작은 수는 10개씩 묶음의 수가 2입니다. 10개씩 묶음의 수와 낱개의 수가 같으 므로 모두 만족하는 수는 22입니다.

> **참고 개념**
> ⓔ 10보다 크고 20보다 작은 수
> ➡ 10개씩 묶음의 수: 1

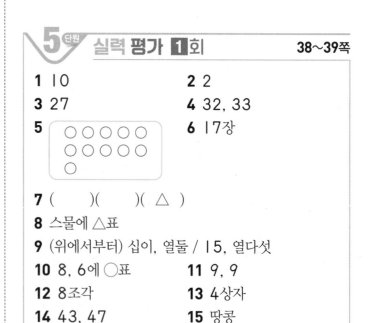

5단원 실력 평가 1회   **38~39쪽**

1 10	**2** 2
3 27	**4** 32, 33
5 (위 그림)	**6** 17장
7 ( )( )(△)	
8 스물에 △표	
9 (위에서부터) 십이, 열둘 / 15, 열다섯	
10 8, 6에 ○표	**11** 9, 9
12 8조각	**13** 4상자
14 43, 47	**15** 땅콩

9 • 10개씩 묶음 1개와 낱개 2개인 수는 12이고, 12는 십이 또는 열둘이라고 읽습니다.
• 10개씩 묶음 1개와 낱개 5개인 수는 15이고, 15는 십오 또는 열다섯이라고 읽습니다.

10 8과 5를 모으기 하면 13, 8과 6을 모으기 하면 14, 5와 6을 모으기 하면 11이 됩니다. 따라서 모으기 하여 14가 되는 두 수는 8과 6입니다.

11 18은 똑같은 두 수인 9와 9로 가르기 할 수 있습니다.

12 12는 4와 8로 가르기 할 수 있습니다.
따라서 남은 피자는 8조각입니다.

13 마흔여섯 개 ➡ 46개
46은 10개씩 묶음 4개와 낱개 6개인 수입니다.
한 상자에 10개씩 담아 포장하면 4상자까지 포장할 수 있습니다.

14 구슬의 수를 10개씩 묶어 세어 보면 왼쪽은 43개, 오른쪽은 47개입니다. 10개씩 묶음의 수가 같으므로 낱개의 수가 더 작은 43이 47보다 작습니다.

15 땅콩: 서른두 개 ➡ 32개
아몬드: 10개씩 묶음 2개와 낱개 5개 ➡ 25개
10개씩 묶음의 수를 비교하면 32가 가장 큽니다.
➡ 가장 많은 것은 땅콩입니다.

5 단원 **실력 평가 2 회** 40~41쪽

1 ( )(○)　　**2** ×
3 10, 십, 열에 ○표　　**4** 6
5

6 (위에서부터) 열넷 / 19, 십구
7 13개
8

9 18, 16, 15　　**10** 50 / 오십, 쉰
11 ㉮　　**12** 1묶음
13 2, 8 / 28　　**14** 35
15 4명

3 구슬은 모두 10개입니다.
10은 십 또는 열이라고 읽습니다.

4 19는 13과 6으로 가르기 할 수 있습니다.

5 33-34-35-36-37-38-39-40의 순서대로 이어 봅니다.

6 ・14는 십사 또는 열넷이라고 읽습니다.
・열아홉은 수로 나타내면 19이고 십구로 읽을 수도 있습니다.

7 4와 9를 모으기 하면 13이 됩니다. 성오가 하루 동안 먹은 딸기는 모두 13개입니다.

8 10과 6을 모으기 하면 16이 됩니다.

9 20-19-18-17-16-15

10 10개씩 묶음 5개는 50이라 쓰고 오십 또는 쉰이라고 읽습니다.

11 ・17은 11과 6으로 가르기 할 수 있으므로 ㉮는 6입니다.
・16은 8과 8로 가르기 할 수 있으므로 ㉯는 8입니다.
➡ 6은 8보다 작으므로 ㉮가 더 작습니다.

12 30은 10개씩 묶음 3개입니다.
3-2=1이므로 치즈는 10장씩 1묶음이 더 있어야 합니다.

13 10개씩 묶음 2개와 낱개 8개는 28입니다.

참고 개념

10개씩 묶음 ■개
낱개 ▲개 ➡ ■▲

14 낱개 15개는 10개씩 묶음 1개와 낱개 5개입니다.
따라서 10개씩 묶음 2개와 낱개 15개는 10개씩 묶음 3개와 낱개 5개이므로 수로 나타내면 35입니다.

15 서른세 번째
➡ 33번째
28-29-30-31-32-33이므로 28과 33 사이에 있는 수는 29, 30, 31, 32입니다.
29번, 30번, 31번, 32번 ➡ 4명

정답과 해설

1~5 단원 성취도 평가 1회 42~44쪽

1 5에 ○표 **2** 1
3 (○)( )
4 2+3=5에 색칠
5 (왼쪽부터) 3, 6
6 정원
7 (○)( )( )
8 ( )(○)
9 ( )( )(×)
10 이연 **11** 8자루
12 3, 1 **13** 초록색
14 ( )
    (○)
    ( )
15

| 여섯(육) | ●●●●●●○○○○ |
| 여섯째 | ○○○○○●○○○○ |

16 4개 **17** 3개
18 ㉡ **19** ㉡
20 가, 다 **21** 3, 2, 1
22 6, 7, 9
23

1	2	3		4	5	6
7	8					
	○					

24 2개 **25** 6

---

1 우산의 수를 세어 보면 다섯이므로 5입니다.

> **참고 개념**
> ∨, ×, / …… 등의 표시를 하면서 세어 봅니다.

2 10은 9보다 1만큼 더 큰 수입니다.

> **참고 개념**
> **나타내는 수가 10인 수**
> 십, 열, 9보다 1만큼 더 큰 수, 5와 5를 모으기 한 수, 9와 1을 모으기 한 수……

3 비행기가 자전거보다 더 무겁습니다.

> **참고 개념**
> 두 물건의 무게를 비교할 때에는 '더 무겁다', '더 가볍다'로 나타냅니다.

---

4 오리가 땅 위에 2마리 있고 연못에 3마리 있으므로 오리는 모두 5마리입니다.
➡ 2+3=5

5 2 바로 뒤의 수는 3이고, 5 바로 뒤의 수는 6입니다.

6 아래쪽이 맞추어져 있으므로 위쪽을 비교하면 키가 더 큰 사람은 정원입니다.

7 뾰족한 부분이 보이므로 ⬛ 모양입니다.
휴지 상자는 ⬛ 모양, 음료수 캔은 🛢 모양, 배구 공은 ⚪ 모양입니다.

8 4는 1과 3으로 가르기 할 수 있습니다.
4는 2와 2로 가르기 할 수 있습니다.

9 ⬛ 모양과 🛢 모양은 평평한 부분이 있으므로 쌓을 수 있습니다.

10 이연: 9보다 2만큼 더 큰 수 ➡ 11
민순: 6과 4를 모으기 한 수 ➡ 10

11 6과 2를 모으면 8이 되므로 두 사람이 가지고 있는 연필은 모두 8자루입니다.

12 순서를 거꾸로 하여 수를 쓰면 5, 4, 3, 2, 1입니다.

13 10개씩 묶음의 수를 비교해 보면 21이 17보다 큽니다.
따라서 초록색 우산이 노란색 우산보다 더 많습니다.

> **참고 개념**
> **두 수의 크기 비교**
> • 10개씩 묶음의 수가 클수록 큰 수입니다.
> • 10개씩 묶음의 수가 같을 때에는 낱개의 수가 클수록 큰 수입니다.

14 왼쪽 끝이 맞추어져 있으므로 오른쪽을 비교하면 가장 긴 것은 가운데에 있는 지팡이입니다.

15 여섯은 개수를 나타내므로 ○ 6개를 색칠하고, 여섯째는 순서를 나타내므로 여섯째 ○ 1개에만 색칠합니다.

16 모양을 만드는 데 이용한  모양은 모두 4개입니다.

17 모양을 만드는 데 이용한 모양은 모두 3개입니다.

18 ㉠ 마흔하나 ➡ 41
㉡ 10개씩 묶음 1개와 낱개 4개 ➡ 14

> **참고 개념**
> 10개씩 묶음 ■개와 낱개 ▲개 ➡ ■▲

19 계산 결과가 맨 왼쪽의 수보다 커지면 ＋, 작아지면 ━가 들어갑니다.
㉠ $3-3=0$, ㉡ $3+5=8$, ㉢ $4-2=2$

20 겹쳐 보았을 때 항상 남는 것이 가이고, 항상 모자라는 것이 다입니다.

21 큰 그릇부터 순서대로 1, 2, 3을 씁니다.

> **참고 개념**
> 그릇이 클수록 담을 수 있는 양이 많습니다.

22 주어진 수들을 작은 수부터 순서대로 쓰면
0, 3, 4, <u>6, 7, 9</u>이므로 5보다 큰 수는 6, 7, 9입니다.
└ 5보다 큰 수

> **참고 개념**
>
> 0　1　2　3　4　**5**　6　7　8　9
> ◄────────────────────►
> 　5보다 작은 수　　　　5보다 큰 수

23 1부터 순서대로 수를 쓰는 방향을 알아보고 20을 쓰게 되는 곳에 ○표 합니다.

1	2	3		4	5	6
7	8	9		10	11	12
13	14	15		16	17	18
19	⑳	21		22	23	24

24 모든 방향으로 잘 굴러가는 것은 ◯ 모양입니다.
◯ 모양은 볼링공, 농구공으로 모두 2개입니다.

25 차가 가장 크려면 가장 큰 수에서 가장 작은 수를 빼야 합니다.
가장 큰 수는 7이고 가장 작은 수는 1이므로 차가 가장 큰 뺄셈식은 $7-1=6$입니다.

1~5 단원 성취도 평가 2회　45~47쪽

1 6　　　　**2** 39
3 ✕　　　**4** 높다
5 길다　　**6** 넷, 사
7 십에 ◯표
8 (　　)(　◯　)(　　　)
9

10 레몬
11 9, 7　　　　**12** $6-3=3$, 3개
13 4　　　　　**14** (　　　)(　◯　)
15 0마리
16 [삼각형이 그려진 직사각형]　　**17** [선 잇기]
18 2개, 3개, 2개
19 (　　　)(　◯　)(　　　)
20

1	3	9	2
6	4	4	5

21 영애

22 8, 1, 7 / 8, 7, 1　　**23** ㉢
24 ㉠ 11, ㉡ 12, ㉢ 9
25 뻐꾸기

---

1 4와 2를 모으기 하면 6이 됩니다.

2 <u>서른아홉</u>
　3　9

3 > **참고 개념**
> 지우개는 [정육면체] 모양입니다.

4 높이의 비교 ― 높다, 낮다.

5 길이의 비교 ― 길다, 짧다.

6 4는 넷 또는 사라고 읽습니다.

> **참고 개념**
> 수는 두 가지 방법으로 읽을 수 있습니다.
>
> | 쓰기 | 1 | 2 | 3 | 4 | 5 |
> |---|---|---|---|---|---|
> | 읽기 | 일 | 이 | 삼 | 사 | 오 |
> | | 하나 | 둘 | 셋 | 넷 | 다섯 |

정답과 해설

7 10층 ➡ 십 층

참고 개념

10을 읽는 방법
• '십'으로 읽는 경우는 10일, 10년, 10등, 10층……이 있습니다.
• '열'로 읽는 경우는 10살, 10개, 10명, 10번째……가 있습니다.

8 각각 수를 세어 보면 맨 왼쪽은 5개, 가운데는 6개, 맨 오른쪽은 7개입니다.

9 농구공, 수박, 축구공은 ⬤ 모양이고, 체중계는 ⬜ 모양입니다.
따라서 잘못 모은 물건은 체중계입니다.

10 10개씩 묶음의 수를 알아보면 43은 4, 34는 3입니다.
따라서 10개씩 묶음의 수가 더 큰 레몬이 더 많습니다.

11 그림의 수는 8이므로 8보다 1만큼 더 큰 수는 9이고, 8보다 1만큼 더 작은 수는 7입니다.

12 (남은 젤리 수)
＝(처음에 있던 젤리 수)−(먹은 젤리 수)
＝6−3＝3(개)

13 0 3 6 4 1 5 7 8 2 9 오른쪽
          ↑   ↑
       일곱째   첫째
➡ 오른쪽에서부터 일곱째에 있는 수는 4입니다.

14 계산 결과가 맨 왼쪽의 수보다 커졌으면 ＋, 작아졌으면 −입니다.
5에서 3으로 작아졌으므로 −를 써넣어야 합니다.
➡ 5−2＝3

15 (우리 안에 있는 토끼 수)
＝(우리 안에 있던 토끼 수)−(밖으로 나간 토끼 수)
＝2−2＝0(마리)

16 겹쳤을 때 항상 남는 것이 가장 넓습니다.

참고 개념

여러 가지 물건의 넓이를 비교할 때에는 '가장 넓다', '가장 좁다'로 나타냅니다.

17 모양의 특징을 생각하며 어떤 모양인지 찾아 선으로 잇습니다.
• ⬤ : ⬤ 모양이고, ⬤ 모양은 야구공입니다.
• ⬜ : ⬜ 모양이고, ⬜ 모양은 서랍장입니다.
• ⬤ : ⬤ 모양이고, ⬜ 모양은 음료수 캔입니다.

18 모양을 만드는 데 이용한 모양을 각각 세어 보면 ⬜ 모양은 2개, 🥫 모양은 3개, ⬤ 모양은 2개입니다.

19 평평한 부분이 있는 것은 ⬜ 모양과 🥫 모양입니다.
🥫 모양은 둥근 부분이 있어 눕히면 잘 굴러갑니다.

20 1과 6, 3과 4, 2와 5를 모으기 하면 7이 됩니다.

21 남은 주스가 더 적은 사람이 더 많이 마신 것입니다.
주스의 높이가 더 낮은 영애가 주스를 더 많이 마셨습니다.

22 가장 큰 수에서 나머지 두 수를 빼어 뺄셈식을 만듭니다.
➡ 8−1＝7, 8−7＝1

23 ㉠ 오늘은 형의 <u>열다섯 번째</u> 생일입니다.
㉡ 민주는 줄넘기를 <u>열다섯 번</u> 했습니다.
㉢ <u>십오 번</u>까지 문제를 풀었습니다.

24 • 가르기 해서 7과 4가 되는 수는 11입니다.
➡ ㉠: 11
• 가르기 해서 3과 9가 되는 수는 12입니다.
➡ ㉡: 12
• 7과 모으기 해서 16이 되는 수는 9입니다.
➡ ㉢: 9

25 부엉이보다 더 가벼운 것: 뻐꾸기
부엉이보다 더 무거운 것: 갈매기
➡ 가벼운 것부터 차례로 쓰면 뻐꾸기, 부엉이, 갈매기이므로 가장 가벼운 것은 뻐꾸기입니다.

정답은
이안에
있어 !

배움으로 행복한 내일을 꿈꾸는
천재교육 커뮤니티 안내 · · ·

교재 안내부터 구매까지 한 번에!
천재교육 홈페이지

자사가 발행하는 참고서, 교과서에 대한 소개는 물론
도서 구매도 할 수 있습니다. 회원에게 지급되는 별을 모아
다양한 상품 응모에도 도전해 보세요!

다양한 교육 꿀팁에 깜짝 이벤트는 덤!
천재교육 인스타그램

천재교육의 새롭고 중요한 소식을 가장 먼저 접하고 싶다면?
천재교육 인스타그램 팔로우가 필수!
깜짝 이벤트도 수시로 진행되니 놓치지 마세요!

수업이 편리해지는
천재교육 ACA 사이트

오직 선생님만을 위한, 천재교육 모든 교재에 대한 정보가 담긴
아카 사이트에서는 다양한 수업자료 및 부가 자료는 물론
시험 출제에 필요한 문제도 다운로드하실 수 있습니다.

https://aca.chunjae.co.kr

천재교육을 사랑하는 샘들의 모임
천사샘

학원 강사, 공부방 선생님이시라면 누구나 가입할 수 있는 천사샘!
교재 개발 및 평가를 통해 교재 검토진으로 참여할 수 있는 기회는 물론
다양한 교사용 교재 증정 이벤트가 선생님을 기다립니다.

아이와 함께 성장하는 학부모들의 모임공간
튠맘 학습연구소

튠맘 학습연구소는 초·중등 학부모를 대상으로 다양한 이벤트와 함께
교재 리뷰 및 학습 정보를 제공하는 네이버 카페입니다.
초등학생, 중학생 자녀를 둔 학부모님이라면 튠맘 학습연구소로 오세요!